COLONIALISMO DIGITAL

COLEÇÃO
ESTADO de SÍTIO

**DEIVISON FAUSTINO
WALTER LIPPOLD**

COLONIALISMO DIGITAL

POR UMA CRÍTICA
HACKER-FANONIANA

© Deivison Faustino e Walter Lippold
© Boitempo, 2023

Direção-geral	Ivana Jinkings
Edição	Thais Rimkus
Coordenação de produção	Juliana Brandt
Assistência editorial	Allanis Ferreira
Assistência de produção	Livia Viganó
Preparação	Tatiana Allegro
Revisão	Clara Altenfelder
Diagramação	Antonio Kehl
Imagem da capa	Del Nunes

Equipe de apoio Ana Slade, Elaine Alves, Elaine Ramos, Erica Imolene, Frank de Oliveira, Frederico Indiani, Glaucia Britto, Higor Alves, Isabella Meucci, Isabella Teixeira, Ivam Oliveira, Kim Doria, Luciana Capelli, Marina Valeriano, Marissol Robles, Maurício Barbosa, Pedro Davoglio, Raí Alves, Tulio Candiotto, Victória Lobo, Victória Okubo

CIP-BRASIL. CATALOGAÇÃO NA PUBLICAÇÃO
SINDICATO NACIONAL DOS EDITORES DE LIVROS, RJ

F271c

Faustino, Deivison
Colonialismo digital : por uma crítica hacker-fanoniana / Deivison Faustino, Walter Lippold. - 1. ed. - São Paulo : Boitempo, 2023.

ISBN 978-65-5717-225-4

1. Tecnologia da informação. 2. Colonialismo digital. 3. Sociedade da informação. I. Lippold, Walter. II. Título.

23-83492   CDD: 303.483
                          CDU: 316.422

Gabriela Faray Ferreira Lopes - Bibliotecária - CRB-7/6643

Este livro compõe a trigésima primeira caixa do clube Armas da crítica.

É vedada a reprodução de qualquer parte deste livro sem a expressa autorização da editora.

1ª edição: maio de 2023;
3ª reimpressão: abril de 2025

BOITEMPO
Jinkings Editores Associados Ltda.
Rua Pereira Leite, 373
05442-000 São Paulo SP
Tel.: (11) 3875-7250 | 3875-7285
editor@boitempoeditorial.com.br | boitempoeditorial.com.br
blogdaboitempo.com.br | youtube.com/tvboitempo

SUMÁRIO

Nota a esta edição............11

Colonialismo digital, imperialismo e a doutrina neoliberal............15
  Sérgio Amadeu da Silveira

Introdução............21

PARTE I. O DILEMA DAS REDES E A ATUALIDADE
DO COLONIALISMO............29

1. O mito *deus ex machina* revisitado: quem coloniza quem?............31

2. Alguns riscos desse percurso............43

3. Capitalismo, colonialismo e racismo: o paradoxo lockeano e o
universalismo diferencialista............51

4. O imperialismo: um velho conhecido nas colônias............59

5. O neocolonialismo e o neocolonialismo tardio: o celeiro
do colonialismo digital............63

PARTE II. COLONIALISMO DIGITAL, ACUMULAÇÃO
PRIMITIVA DE DADOS E A PSICOPOLÍTICA............69

6. A fabricalização da cidade e as bases extrativistas do
colonialismo digital............71

7. A acumulação primitiva de dados e a "nova" tokenização
do "velho" valor............91

  Levantando a questão............97

A resposta da escola da economia do conhecimento 101

O assim chamado "tempo real" e a materialidade tangível
do imaterial 106

O valor do intangível: não existe software sem hardware 111

A economia dos dados 123

8. *Low life, high-tech*, necropolítica e ciberguerra 127

9. Racismo algorítmico ou racialização digital? 147

10. A hiperconectividade psicopolítica e a deficiência de conexão:
"cada qual na sua solidão" 153

PARTE III. A DESCOLONIZAÇÃO DOS HORIZONTES
TECNOLÓGICOS 167

11. O fardo do nerd branco e a ideologia californiana: da utopia
à distopia 169

12. Internet e redes sociais 175

13. Por uma interface fanoniana-hacktivista 183

Referências bibliográficas 197

Pela libertação de Mumia Abu-Jamal e Julian Assange.

Estou à venda.
Compre-me!
Ou melhor, me like
a imagem
cuidadosamente
projetada para essa vitrine.

...

Me crush
Me note
me siga
me like!!!

...

Me like,
plis!
pois...
destituído de mim mesmo,
só me resta o seu view
em um
imaginado
date
virtual.

Deivison Nkosi

NOTA A ESTA EDIÇÃO

A reedição de um livro tão recente pode gerar espanto, mas a decisão de relançá-lo se explica, em primeiro lugar, pela possibilidade de um trabalho editorial mais criterioso; em segundo lugar, pela chance de maior circulação da obra; e, em terceiro, pela oportunidade de revisitar o texto um ano após sua concepção. Este último aspecto seria irrelevante, não se tratasse de um livro sobre as influências das tecnologias digitais para a dinâmica da luta de classes e o racismo.

O surgimento das versões do ChatGPT, o boom da inteligência artificial em detrimento do metaverso, o colapso de grandes bancos e a demissão em massa provocada pela crise econômica no setor tecnológico após o fim da pandemia de coronavírus nos dão a impressão de que o mundo de 2021 – momento de escrita deste livro – não existe mais. Em paralelo, a publicação e a circulação de outros estudos sobre o tema enriqueceram o debate público e nos permitiram revisitar argumentos e dialogar com perspectivas distintas. Foi decisivo à revisão do material o contato com publicações que ainda não havíamos acessado, como *O valor da informação*[1]; *O mundo do avesso*[2]; a coletânea *Colonialismo de dados*[3]; e *Direito e tecnologia em perspectiva amefricana*[4].

---

[1] Marcos Dantas et al., *O valor da informação: de como o capital se apropria do trabalho social na era do espetáculo e da internet* (São Paulo, Boitempo, 2022).

[2] Letícia Cesarino, *O mundo do avesso: verdade e política na era digital* (São Paulo, Ubu, 2022).

[3] João Francisco Cassino, Joyce Souza e Sérgio Amadeu da Silveira (orgs.), *Colonialismo de dados: como opera a trincheira algorítmica na guerra neoliberal* (São Paulo, Autonomia Literária, 2021).

[4] Bianca Kremer Nogueira Corrêa, *Direito e tecnologia em perspectiva amefricana: autonomia, algoritmos e vieses raciais* (tese de doutorado, Rio de Janeiro, PUC-Rio, 2021).

12 • Colonialismo digital

Se *Colonialismo digital: por uma crítica hacker-fanoniana* surgiu na encruzilhada de ciências humanas, tecnologia, luta anticapitalista e antirracista durante os tempos terríveis de pandemia, bolsonarismo, negacionismo, *fake news* e militância anticiência, seguimos Conceição Evaristo, que afirmou que "a gente combinamos de não morrer", e a escrita, mais que nunca, se apresentou a nós como ferramenta para isso.

Este livro nasceu da convicção de que a introdução das tecnologias digitais altera profunda e irreversivelmente a dinâmica da luta de classes e das opressões, por exemplo, de raça e gênero. Por isso, entrevistamos, dialogamos e/ou submetemos o manuscrito a especialistas da área tecnológica, a pesquisadores, cientistas, hackers e militantes. Debatemos conceitos, dúvidas e tantas outras ideias dentro do espírito do conhecimento livre.

Relendo tudo um ano depois, compreendemos que as contradições apontadas no texto se agudizaram. A velocidade dos acontecimentos, como o avanço brutal da mineração de dados e biodados, a crise das big techs e suas demissões em massa e as eleições no Brasil intensificaram o problema; ainda assim, em nosso entender, as bases teóricas, as teses lançadas e os conceitos traduzidos para compreender o fenômeno do colonialismo digital continuam válidos.

A extração de ouro ilegal de terras indígenas e as cenas do genocídio ianomâmi, suas ligações com o colonialismo digital e o tecnofascismo brasileiro e o bolsonarismo reforçaram que capitalismo, colonialismo e racismo não se dissociam, como nos ensinou Frantz Fanon. Os softwares necessitam do hardware, que é produzido com matérias-primas como o ouro indígena brasileiro, a columbita e a tantalita (coltan) congolesas e o lítio boliviano.

Hoje temos acesso a tecnologias como o processamento de linguagem natural (NPL – Natural Language Processing) e o aprendizado profundo (*deep learning*) através de redes neurais artificiais. O potencial dessas ferramentas é impressionante, mas poucos sabem que as "milagrosas" IAs são parametrizadas por *clickworkers* plataformizados e precarizados, e, além de tudo, roubam expertise e obras de artistas. É a velha apropriação privada do conhecimento socialmente produzido – a exploração do intelecto geral, citada por Marx nos *Grundrisse*.

A sofisticação da exploração e da opressão ofereceram novas possibilidades de atuação política contra-hegemônicas, mas cada vez mais os movimentos sociais compreendem a importância da tecnopolítica e da descolonização da tecnologia. Estivemos com o núcleo de tecnologia do MTST debatendo colonialismo digital e conhecemos seu trabalho. É preciso apoiar a criação e o fortalecimento de laboratórios de periferia, perilabs, clubes hacker, clubes de ciência populares, mobilizações pelo breque dos entregadores uberizados. É preciso combater a desinformação com letramento crítico, lutar contra o avanço da "pedagogia" corporativa nos espaços de educação pública com as pedagogias hacker e griot.

Assistimos a uma pequena e ignorada, mas significativa, mobilização em torno da soberania digital, da regulação das big techs e em defesa do cooperativismo de plataforma. A descolonização da tecnologia passa pela compreensão, pela ação e pelo controle dos meios tecnológicos por parte dos trabalhadores da periferia do capitalismo, a massa de carne e osso que sustenta com sua força de trabalho o reificado mundo dos bits, em plataformas controladas por necrocorporações que pouco se importam se o precariado vive ou morre... Como dizia Fanon sobre a vida no bairro colonizado, "lá morre-se não se sabe onde, não se sabe de quê".

É um mundo ainda mais sem intervalos que um ano atrás, quando quem podia ficar em casa para se proteger da pandemia via o sonho de trabalhar em *home office* se transformar no pesadelo de morar no trabalho. As conclusões pessimistas e as otimistas seguem as mesmas diretrizes: a saída para suprassumir a contradição *low life, high-tech* do atual estágio de produção capitalista e racialização digital, a chance de descolonização tecnológica, é a criação ou o fortalecimento de novas formas de luta e organização. Resta-nos concordar com Racionais MC's: "Nossos motivos para lutar ainda são os mesmos...".

Deivison Faustino e Walter Lippold

COLONIALISMO DIGITAL, IMPERIALISMO E A DOUTRINA NEOLIBERAL

Sérgio Amadeu da Silveira[1]

Este livro trata do colonialismo digital não como metáfora ou força de expressão, mas como a dinâmica do capitalismo tardio que constitui sua existência a partir de dois elementos intercambiáveis: uma nova repartição do mundo em espaços de exploração econômica e o colonialismo de dados. Assim, Deivison Faustino e Walter Lippold atacam o "coração gelado" do big data e do imperialismo que atualmente se alicerça cada vez mais na tecnologia.

Não há dúvida de que o colonialismo histórico, definido por Karl Marx como um dos métodos utilizados pelos capitalistas europeus para realizar a acumulação primitiva de capital, não existe mais. Países como Brasil ou Argélia não são mais colônias, em que pese a Martinica de Frantz Fanon, um dos principais teóricos da luta anticolonial, ser ainda hoje um departamento ultramarino insular francês no Caribe. O novo colonialismo é dataficado, e sua violência muitas vezes sutil produz a precarização nada suave do trabalho e aponta para uma submissão social enredada e gamificada que formata sujeitos submetidos à servidão maquínica e aos sistemas algorítmicos das grandes empresas do Norte global.

Milton Santos, grande geógrafo brasileiro, em *A natureza do espaço*[2], nos alertou de que a principal forma da relação entre a humanidade e o meio natural é dada pela técnica. As técnicas são um conjunto de meios instrumentais e sociais com os quais as sociedades efetivam sua vida, produzem e criam espaço. Influenciado por Simondon, Santos expressa que a tecnologia

---

[1] Professor da Universidade Federal do ABC, é pesquisador CNPq. Investiga as possibilidades de desenvolvimento e uso da IA além do mercado.

[2] Milton Santos, *A natureza do espaço: técnica e tempo, razão e emoção* (São Paulo, Edusp, 2002).

16 • Colonialismo digital

é uma das expressões mais relevantes da cultura e, portanto, está submetida às disputas ideológicas.

Agora, os atores hegemônicos, armados com uma informação adequada, servem-se de todas as redes e se utilizam de todos os territórios. Eles preferem o espaço reticular, mas sua influência alcança também os espaços banais mais escondidos. Eis por que os territórios nacionais se transformam num espaço nacional da economia internacional e os sistemas de engenharia mais modernos, criados em cada país, são mais bem utilizados por firmas transnacionais que pela própria sociedade nacional.[3]

A US International Trade Commission (USITC), em 2012, foi acionada pelo Senado norte-americano para documentar e quantificar o impacto econômico da restrição ao fluxo transnacional de dados que começava a ser reivindicado por pesquisadores, ativistas e governos de diversos países. Como resultado, a USITC estimou que, em 2011, o comércio e os serviços digitais que incluem o fluxo de dados aumentaram o PIB dos Estados Unidos entre 517 bilhões e 715 bilhões de dólares e geraram aproximadamente 2,4 milhões de empregos. Essas informações se encontram no relatório *Measuring the Value of Cross-Border Data Flows*, de 2016[4]. Notamos que a manutenção do livre fluxo de dados para o Estados Unidos não é uma questão vinculada à defesa das pequenas e médias empresas do mundo empobrecido, como lemos nos discursos de seus consultores, mas é um elemento fundamental de extração de riquezas de países tecnoeconomicamente pobres e dependentes.

Faustino e Lippold, aqui, trataram também dos mecanismos de sustentação ideológica desse novo colonialismo a partir do novo fetichismo da técnica, da ilusão da neutralidade tecnológica e de ingênuas crenças na libertação pelos dispositivos, como se fosse possível eliminar problemas sociais apenas implementando e manuseando aplicativos digitais. Complementando essa perspectiva, é importante destacar o papel das consultorias internacionais para a adesão dos gestores públicos e privados a discursos que dão cobertura à expansão do colonialismo digital. As consultorias têm demonstrado grande capacidade de sedução com relatórios e levantamentos aparentemente impecáveis, bem como com seus *power points* motivacionais.

---

[3] Ibidem, p. 163.

[4] *Measuring the Value of Cross-Border Data Flows*, 2016. Disponível em : <https://www.ntia.doc.gov/files/ntia/publications/measuring_cross_border_data_flows.pdf>; acesso em: abr. 2023.

De modo significante, as consultorias são disseminadoras das estratégias das big techs, das métricas que portam as exigências de adequação e conformidade a produtos e práticas específicas do imperialismo. Como bem demonstrou David Beer em *Metric Power*[5], formas de medir são métodos de poder e de controle que moldam comportamentos e decisões são construções sociais, refletindo os valores e os interesses de quem as cria e as utiliza. As consultorias polinizam ideologicamente as classes dominantes e os gestores públicos dos países tecnoeconomicamente secundarizados. Consultorias são exércitos numerosos e operam em escala global, como a Pricewaterhouse-Coopers, que emprega 276 mil pessoas; a Accenture, com mais de 500 mil empregados; a Capgemini, grande consultoria em tecnologia, com mais de 270 mil funcionários em todo o mundo; entre outras.

Observe que a expressão "transformação digital", amplamente adotada por agências internacionais, governos e pela imprensa mundial, surgiu no meio empresarial norte-americano e foi consolidada pela consultoria Capgemini e pelo Massachusetts Institute of Technology (MIT), que publicaram, em 2011, o texto *Digital Transformation*[6]. Em seguida, inúmeros países passaram a seguir as orientações à digitalização. O Brasil também possui sua estratégia de transformação digital (2016), que segue a lógica de documentos similares de países completamente diferentes.

Apesar das profundas mudanças no capitalismo do século XIX para o capitalismo do século XXI, ele continua estruturado em classes, em agrupamentos sociais divididos pela posição que ocupam na produção e na apropriação da riqueza produzida. Nesse sentido, Faustino e Lippold perguntam "o que, de fato, é o colonialismo digital e, sobretudo, quais são suas implicações para a dinâmica da luta de classes contemporânea?" (p. 80). Eis a questão crucial. Além disso, os autores trazem a descrição dos processos codificados que articulam os conflitos de classe aos raciais e étnicos.

A digitalização e a dataficação não eliminaram o racismo, mas o reproduziram e, em alguns casos, o expandiram pela gestão algorítmica. Bancos de dados que portam decisões racistas ao alimentar os sistemas algorítmicos

---

[5] David Beer, *Metric Power* (Londres, Palgrave Macmillan, 2016).

[6] Capgemini e MIT, Digital Transformation: A Roadmap for Billion-Dollar Organizations, 2011. Disponível em: <https://www.capgemini.com/wp-content/uploads/2017/07/Digital_Transformation__A_Road-Map_for_Billion-Dollar_Organizations.pdf>; acesso em: abr. 2023.

de *machine learning*, como uma rede neural artificial, têm gerado padrões racializados e modelos racistas para tratar novos dados. Assim, a chamada inteligência artificial baseada em dados pode não apenas reproduzir, mas também ampliar, discriminações que buscamos superar.

Vivemos hoje uma informática de dominação, uma computação que bloqueia a tecnodiversidade e as possibilidades dos povos de criarem e recriarem seus aparatos tecnológicos. Mulheres, negros, povos originários são orientados a se contentar com a condição de usuários das soluções criadas pelas big techs. O colonialismo dissemina que o único modo de criar tecnologias é esse que nos subordina e nos modula. Afinal, as plataformas digitais alegam buscar apenas e tão somente a melhora de nossa experiência. Para tal, extraem constantemente nossos dados a fim de realizar predições, a ponto de não precisarmos mais querer, uma vez que os algoritmos que aprendem com os dados de comportamento poderão predizer nossas vontades.

Uma das consequências desse modelo de digitalização baseado em dados é a crescente necessidade de armazenamento e processamento. Faustino e Lippold ressaltaram que "63% da receita operacional total da Amazon é obtida pelo serviço de computação em nuvens, e não pela disponibilidade logística de seus produtos físicos ou digitais" (p. 75). Isso não implica que dados sejam materiais. Dados são imateriais e, por isso, podem ser reproduzidos milhares ou milhões de vezes. Ocorre que o fato de os dados serem imateriais não implica que não necessitem de máquinas para armazená-los e processá-los. Os comportamentos e os fluxos da vida estão sendo convertidos em dados, e estes, sendo guardados em datacenters gigantescos. A competição intercapitalista não desapareceu no mundo datacado, mas se intensificou. Empresas do grupo Alphabeth não entregam seus dados para as empresas Meta, que, por sua vez, não compartilham o que coletam para a Microsoft, a IBM, a Amazon ou quaisquer outras. Cada clique, cada ação nas redes, cada e-mail pode trazer uma informação importante para compor o perfil dos consumidores de produtos, serviços e ideologias. A coleta de dados parece não ter fim.

Essa enorme coleção de dados reflete em milhares de datacenters, muitos com mais de 50 mil metros quadrados e milhares de servidores, gerando impacto ambiental e contrariando quem dizia que a digitalização melhoraria o meio ambiente. Segundo o relatório do Synergy Research Group de 2021, existem cerca de 8,8 mil datacenters em todo o mundo, centenas deles de hiperescala – ou seja, que têm a capacidade de suportar aplicações robustas e escaláveis, seja pelo processamento, seja pela conectividade disponível[7]. A localização dos data centers parece não esconder mais uma face do colonialismo digital: quase a metade deles está na América do Norte. São consumidores intensivos de energia e de água e geram um impacto ambiental nefasto.

Levanto outra grande qualidade deste trabalho de Faustino e Lippold: as possibilidades da resistência. Os autores se inspiram na visão do psiquiatra e militante da resistência argelina Frantz Fanon para organizar o pensamento, a estratégia e a ação da luta contra o colonialismo de dados. Isso implica, teoricamente, a perspectiva ambivalente da tecnologia. O digital pode ser colocado a serviço da luta emancipatória? A IA pode ser reformatada e repensada para assegurar o interesse das classes populares, das comunidades tradicionais, ou está intrinsecamente vinculada à eficácia e à eficiência exigidas pelo capital? Protocolos anticapitalistas inspirados no ativismo hacker e nas ideias de Fanon poderão gerar o mesmo efeito do rádio na luta contra o colonialismo francês? É possível inaugurar uma IA anticapitalista? Ou nada disso importa, pois dados, algoritmos, modelos estatísticos seriam neutros?

Os caminhos a trilhar exigem decisões sobre situações complexas em que o poder se estrutura também pelas tecnologias. O controle do intelecto geral pelo capital reforça a alienação técnica e anula a inteligência coletiva local consolidando sua submissão ao marketing. Assim, vivemos na névoa da guerra, e nossa visão turva nos impede de perceber as armadilhas do neoliberalismo, fase doutrinária atual do capitalismo mundial. O fetiche da tecnologia é uma dimensão da alienação técnica que robustece a alienação do trabalho.

O capitalismo construiu subjetividades alienadas do produto de seu trabalho. Para isso, teve de aprofundar as separações e os isolamentos sociais. A cultura se apartou da tecnologia, como se esta não fosse também sua expressão e ambas não fossem social e historicamente condicionadas. A tecnologia se tornou uma espécie de solução mágica, cada vez mais distante da compreensão das pessoas. Quanto mais a indústria avança no processo de divisão do trabalho, quanto mais vai substituindo o trabalho vivo pelo

---

[7] Relatório da Synergy Research Group, 2021. Disponível em: <https://www.srgre search.com/articles>; acesso em: abr. 2023.

20 • Colonialismo digital

trabalho objetivado, mais distantes ficam os trabalhadores da apropriação do fruto de seu trabalho.

Há um jargão da cultura digital que diz que não foi da melhoria do cavalo que se chegou à máquina industrial, bem como não foi a melhoria da máquina que nos levou ao silício. Por exemplo, a guerra pelo controle dos semicondutores se dá em batalhas por conhecimento, por bloqueio econômico dos detentores dessa tecnologia a seus inimigos geopolíticos. A alienação técnica e a alienação do trabalho atingiram seu ápice no mundo informacional das máquinas cibernéticas.

Essa alienação contribui de modo decisivo para consolidar a subordinação da nossa inteligência local e nacional à conveniente ideia de sermos felizes consumidores e usuários de tecnologias inventadas nos países tecnoeconomicamente ricos. Estamos aptos a comprar, nunca a desenvolver nem a criar. Desse modo, não teria sentido armazenar nossos dados em infraestruturas locais que permissem criar nossas tecnologias, reconfigurar os algoritmos, avançar em novos experimentos. Ter o controle dos dados que expressam nosso cotidiano impediria ou dificultaria que os sistemas de IA das big techs criassem soluções voltadas a nosso interesse. Com uma classe dominante que não apostou na industrialização em um mundo industrial e, agora, não aposta em criar e desenvolver a infraestrutura cibernética necessária para um mundo informacional. E o Estado? Nada pode fazer? Poderia, caso seus gestores não estivessem subordinados à doutrina neoliberal. Assim, como em um *loop* computacional, em uma repetição infindável, o neoliberalismo reforça o colonialismo digital e nega às sociedades o direito à invenção e ao desenvolvimento tecnológico. Este livro traz a reflexão indispensável para descolonizar nosso pensamento e rompermos com essa condição.

INTRODUÇÃO

"Com toda a serenidade, acho que seria bom que certas coisas fossem ditas [...]. Por que escrever esta obra? Ninguém me pediu que o fizesse. Muito menos aqueles a quem ela se dirige."

Frantz Fanon, *Pele negra, máscaras brancas*

Não seria um exagero falarmos em colonialismo digital? O colonialismo não é um tema ultrapassado e limitado à origem do capitalismo? E o que esse tema tem a ver com as tecnologias informacionais? Por que estudiosos, trabalhadores e militantes hacktivistas deveriam estar atentos a esses tópicos, aparentemente anacrônicos, ou, do mesmo modo, o que a esquerda, o antirracismo e o conjunto dos movimentos sociais contemporâneos têm a ver com "palavrões" como big data, supremacia quântica, semicondutores, aprendizado de máquina, redes neurais, Indústrias 4.0 e 5.0 e a ideologia californiana?

Concordamos com Henrique Novaes quando afirma que a ciência e a tecnologia (C&T) não "são isentas de valores" nem "seguem um caminho próprio, independentes da sociedade na qual foram geradas"[1]. Pelo contrário, são, nas palavras de Letícia Cesarino, "mídias, ou mediações. Enquanto tal, não causam nenhum fenômeno, mas introduzem vieses que favorecem certos direcionamentos latentes na sociedade, e não outros"[2]. Por isso levantamos algumas questões que têm se apresentado como inevitáveis em nosso tempo.

Assim como o psiquiatra martinicano Frantz Fanon, em seu célebre *Pele negra, máscaras brancas*, estamos cada vez mais cientes de que ninguém solicitou esta obra, "muito menos aqueles a quem ela se dirige". No entanto,

---

[1] Henrique T. Novaes, *O fetiche da tecnologia: a experiência das fábricas recuperadas* (São Paulo, Expressão Popular, 2007), p. 35.

[2] Letícia Cesarino, *O mundo do avesso: verdade e política na era digital* (São Paulo, Ubu, 2022), p. 12.

22 • Colonialismo digital

ainda com Fanon – embora com menos serenidade que ele –, ficou óbvia a urgência de "que certas coisas fossem ditas"[3].

O colonialismo digital, que dá nome a este livro, não é metáfora, figura de linguagem ou mero discurso pautado por uma suposta dominação imaterial, tampouco foge às lógicas de "sincronização dos espaços e ritmos dos processos do trabalho coletivo-social invertidos em processo de valorização do capital"[4].

É, pois, expressão objetiva (e subjetiva) da "apropriação privada de tempos de trabalho de seres humanos afastados dos meios de produção e obrigados, assim, a sobreviverem mediante a alienação da sua força de trabalho"[5].

As transformações técnicas, econômicas, sociais e ideológicas provocadas pela introdução da informática, das telecomunicações e da robótica no interior dos processos produtivos capitalistas – mormente nomeadas como Indústria 3.0 – permitiram, em um só turno, o "enxugamento" das unidades fabris a partir da expulsão de milhares de trabalhadores de seus postos e, sobretudo, o controle logístico e a busca pela sincronização de tempos e espaços urbanos ocupados pela esfera da circulação de mercadorias[6], redefinindo ou tencionando o conjunto das relações sociais de forma a viabilizar suas necessidades de reprodução.

Longe de serem lineares, essas transformações provocam crises e torções sistêmicas em que as tendências antiestruturais emergem como oposição real a algumas normas estabelecidas, em uma dialética entre estrutura e antiestrutura. Se, por um lado, como argumenta Letícia Cesarino, as transformações cibernéticas "aumentam drasticamente a velocidade do fluxo dos sistemas sociotécnicos", acelerando mudanças estruturais, por outro lado, "esses processos não parecem conduzir a uma ruptura linear com o sistema vigente"[7]. Trata-se, portanto, de identificar os processos de ruptura, mas também vê-se uma reestruturação em andamento, como argumenta Cesarino:

> Se nossas sociedades (ainda) não entraram em colapso, significa que há processos de reestruturação em andamento. Pode ser que parte das

---

[3] Frantz Fanon, *Pele negra, máscaras brancas* (trad. Raquel Camargo e Sebastião Nascimento, São Paulo, Ubu, 2020), p. 21.

[4] Terezinha Ferrari, *Fabricalização da cidade e ideologia da circulação* (São Paulo, Outras Expressões, 2012), p. 12.

[5] Idem.

[6] Idem.

[7] Letícia Cesarino, *O mundo do avesso*, cit., p. 16.

contradições esteja sendo reabsorvida pela própria infraestrutura que a produz, permitindo assim que o sistema como um todo vá se reorganizando sem grandes rupturas.[8]

A despeito de todas as transformações observadas neste mundo do avesso, o sistema em questão segue sendo o capitalista. E este, em sua lógica intrínseca, não pode deixar os meios técnicos e sociais de sua reprodução em constante revolução, sob o risco de colapsar. Não há novidade nenhuma aí desde a invenção da bússola ou da máquina a vapor. A questão é que as transformações tecnológicas ocorridas no atual estágio de acumulação capitalista introduzem diferenças singulares não apenas quando comparadas ao período mercantilista ou fordista, mas, sobretudo, quando comparadas consigo mesmas alguns poucos anos atrás.

O desenvolvimento das tecnologias digitais no interior da assim chamada Indústria 4.0, especialmente no que tange à automação, redefiniu a arena da luta de classes mundial ao sofisticar as possibilidades de expropriação e levá-las a patamares inéditos, com isso ampliando as desigualdades e a violência próprias à divisão internacional, regional e racial do trabalho. Do assombroso e, até o momento, inalcançável desenvolvimento da nanotecnologia aplicada à produção de semicondutores em Taiwan à corrida pelas criptomoedas ou pela supremacia quântica computacional, vê-se levantado não apenas o dilema da queima incontrolável de recursos naturais e energéticos, mas, sobretudo, o da elevação absurda da subsunção real e formal da vida aos tempos (abstratos) da produção capitalista.

Supostamente, os debates recentes em torno da Indústria 5.0, no Japão, buscam "corrigir" os excessos bárbaros desse percurso de exploração automatizada voltando-se ao reconhecimento da cooperação humana e do meio ambiente na direção de uma espécie de "estado de bem-estar digital". Para além das aparências e das supostas boas intenções, no entanto, essa proposição não emerge como preocupação com a vida ou com o planeta, mas como possibilidade de ampliar ainda mais a sincronização dos tempos de trabalho, de modo a evitar o colapso absoluto das condições de reprodução do capital no interior de uma lógica produtiva autofágica. Assim como o *welfare state* do pós-guerra não se sustentou sem as colônias africanas e asiáticas, o estado de bem-estar digital parece possível, desde o início, desde que não seja possível em outras partes do mundo, cada vez mais conectado.

---

[8] Ibidem, p. 18.

24 • Colonialismo digital

É nesse contexto complexo que emerge o colonialismo digital. Sua existência se materializa a partir de duas tendências. A primeira é a emergência de uma nova partilha territorial do globo terrestre entre os grandes monopólios da indústria da informação: as chamadas "big techs", majoritariamente concentradas no vale do Silício, mas não apenas – partilha essa que atualiza o imperialismo, o subimperialismo e o neocolonialismo tardio ao reduzir o chamado Sul global a mero território de mineração extrativista de dados informacionais.

A segunda tendência, também nomeada *colonialismo de dados*, é aquela que subsume cada vez mais a vida humana, o ócio, a criatividade, a cognição e os processos produtivos às lógicas extrativistas, automatizadas e panópticas do colonialismo digital. Não se trata, aqui, de uma simples alteração dos ritmos de vida ou mesmo da percepção humana sobre a introdução de novas tecnologias, como poderia se presumir, mas, sim, da manipulação intencional da cognição humana por grandes corporações empresariais a partir dessas tecnologias, com vistas à ampliação da acumulação de capitais.

A sociedade onde se medeiam os caminhos e os sentidos do assombroso desenvolvimento tecnológico em curso segue sendo a velha sociedade capitalista, em todas as já conhecidas facetas da automação voltada à extração e valorização do valor, mas essa "velha" demonstra ter rejuvenescido ao dar à luz "novas" possibilidades de exploração e dominação. Um novo que não rompe com o velho, mas o atualiza. É essa atualização que nos interessa, mas ela não pode ser entendida sem um exame preciso daquilo que ela mantém e intensifica.

A curiosa constatação a que se chega é a de que não há capitalismo "imaterial", assim como não é possível existir software sem hardware. Mesmo uma emulação de hardware por software – como no caso de programas que simulam consoles de videogames antigos – está dentro dos circuitos de produção, circulação e consumo capitalistas. A "mágica" tecnológica que permite armazenar remotamente volumosas informações em nuvens virtuais ou mesmo a validação e a inclusão de novas transações de blockchain só são fisicamente possíveis, em seu estrondoso consumo de energia, mediante um volumoso investimento em *capital constante* e *capital variável*, dispostos entre infraestrutura pública ou privada de eletricidade, internet, hardwares supervelozes e, sobretudo, constante investimento em pesquisa e em força de trabalho altamente qualificada.

Ainda que pareça contraintuitivo, dados, códigos e programas virtuais são entes sujeitos às leis da física e, sobretudo, aos interesses sociais e aos

Introdução • 25

projetos de poder que lhes dão fundamento e existência. Como tudo o que existe, se movimentam no tempo e no espaço ou são armazenados a certa velocidade e intensidade, fisicamente definidas pela infraestrutura existente mediante determinado contexto social. Toda via de transmissão – rodovia, rede de esgoto, fibra óptica etc. – tem um limite posto por suas características físicas e disposição geográfica, e elas próprias são ou não construídas em alguns lugares a partir de decisões políticas e econômicas socialmente determinadas.

O texto ou a imagem salvos no Google Drive, permitindo que o computador pessoal ou o celular se tornem mais "leves" – embora, paradoxalmente, o peso deles continue o mesmo –, são convertidos em sinais elétricos e transmitidos por vias transnacionais de comunicação até grandes dispositivos de armazenagem, oferecidos por empresas privadas, a custos econômicos e sociais nem sempre explícitos nos contratos nunca lidos.

Há aqui, logo de saída, um problema econômico e político: como se estruturam esses fluxos e, sobretudo, quem os controla? E o problema não é só esse. Tentaremos estabelecer quais são os custos econômicos, sociais, ideológicos e subjetivos – em termos da já mencionada divisão internacional do trabalho – das formas pelas quais se deu essa estruturação. Há aqui um elemento próprio do "velho" capitalismo que, embora historicamente negligenciado, adquire expressões dramáticas neste "novo" cenário.

O "velho" capitalismo foi e continua sendo irremediavelmente permeado pelo racismo, pelo sexismo, pela transfobia, pelo antropocentrismo especista etc. Neste cenário, a velha racialização colonial, que marca a atual reprodução social, condiciona a emergência do chamado *racismo algorítmico*, fenômeno que, como veremos, influi tanto sobre a divisão social do trabalho e do acesso às tecnologias disponíveis quanto sobre os desenhos tecnológicos e sua capacidade de promoção de vida ou de morte.

Algumas perguntas que orientam este livro são: como caracterizar as novas formas de controle e exploração decorrentes das transformações tecnológicas em curso e, sobretudo, quais as possíveis influências da racialização sobre essa dinâmica complexa? O que esperamos – na esteira da tradição da Adequação Sociotécnica (AST)[9] e da perspectiva da descolonização dos

---

[9] A Adequação Sociotécnica (AST) foi uma proposta crítica dos anos 1980 que pautou a desconstrução/reconstrução de artefatos tecnológicos indispensáveis ao crescimento, buscando incorporar as demandas dos movimentos sociais na agenda de pesquisa da

26 • Colonialismo digital

designs tecnológicos[10] – é "reintroduzir a política e a economia nesse debate" sobre tecnologia[11].

Partindo das encruzilhadas teóricas e políticas entre o hacktivismo anticapitalista e o pensamento antirracista radical, valemo-nos da contribuição dissonante de autores como Frantz Fanon, Kwame N'Krumah, Karl Marx, Vladímir I. Lênin, Rosa Luxemburgo, Shoshana Zuboff, Achille Mbembe, Paris Yeros, Tarcízio Silva, Rebecca Heilweil, Terezinha Ferrari, Marcos Dantas, Byung-Chul Han, Safiya Umoja Noble, Abeba Birhane, Julian Assange, Andy Cameron, Richard Barbrook e Leonardo Foletto, entre outros, para discutir a relação dialética entre tecnologia, dominação e desigualdade.

Para tal, analisamos o papel das tecnologias informacionais na configuração do atual estágio de acumulação capitalista, observando sua articulação concreta com algumas ideologias de dominação, como o racismo e a racialização. Em outras palavras, o objetivo deste estudo é entender a relação entre colonialismo, racismo e tecnologias informacionais no interior da luta de classes contemporânea e, sobretudo, chamar atenção para essa gritante relação.

O velho colonialismo tem se mostrado, curiosamente, uma "nova" tendência das dinâmicas de poder, dominação e exploração do trabalho, implícita às tecnologias informacionais contemporâneas. No entanto, embora essa constatação seja cada vez mais aceita nos estudos sobre big data, escapa-lhes, frequentemente, um elemento fundante, diagnosticado por Frantz Fanon: não há colonialismo sem racismo! Para Fanon, como veremos, a expansão e a consolidação das relações capitalistas de produção – possibilitadas, sobretudo, pelo colonialismo – não teriam sido possíveis sem o racismo.

Em contrapartida, é nesse aspecto, talvez, que reside a singularidade do presente estudo, na medida em que perseguimos a seguinte pergunta: se o colonialismo, inclusive o digital, foi e continua sendo parte constituinte do

---

Ciência e Tecnologia. Ver Renato Dagnino, *Tecnologia social: contribuições conceituais e metodológicas* (Campina Grande, EDUEPB, 2014).

[10] Para uma proposta de inserção do antirracismo fanoniano no debate sobre os designs tecnológicos, ver Ivo Pereira de Queiroz e Gilson Leandro Queluz, "Presença africana e teoria crítica da tecnologia: reconhecimento, designer tecnológico e códigos técnicos", *Anais do IV Simpósio Nacional de Tecnologia e Sociedade*, Curitiba, UTFPR, 2011.

[11] Evgeny Morozov, *Big Tech: a ascensão dos dados e a morte da política* (trad. Claudio Marcondes, São Paulo, Ubu, 2018).

capitalismo e se, ao mesmo tempo, sua objetivação está, em geral, condicionada ao racismo, qual seria a relação entre o colonialismo digital e o racismo?

O esforço de delimitação e articulação dos estudos sobre colonialismo digital e racismo algorítmico resultou na proposta da categoria *racialização digital*, como tendência de materialização e subjetivação do racismo, não apenas no desenvolvimento da técnica, implícita à composição orgânica do capital, mas sobretudo na distribuição desigual de seu caráter destrutivo.

Essa perspectiva, como ficará visível, nos posiciona no interior do debate sobre os chamados capitalismo informacional, capitalismo de plataforma, capital-informação, capitalismo digital ou tecnofeudalismo, a partir de uma abordagem crítica radical e antirracista atenta às "novas" morfologias do trabalho e suas respectivas formas de controle, reprodução e insurgência, mas, ao mesmo tempo, ciente das permanências econômicas e sociais das velhas e ainda vigorosas tendências mais gerais da acumulação capitalista – tendências entre as quais o racismo é elemento indispensável.

Não deixamos de considerar, no entanto, algumas propostas teóricas e políticas de resistência e insurgência diante das contradições aqui apresentadas. O que problematizamos, ao mesmo tempo, é a tensão aberta e nunca concluída entre a força política das respostas sociais, ideológicas e políticas perante os problemas que a humanidade se coloca e a capacidade (e os limites) de absorção dessas tendências pelo capitalismo.

Assim, analisamos também algumas propostas de insurgência contra as tendências de colonização digital, relacionando-as com os desdobramentos políticos e ideológicos da ideologia californiana, do hacktivismo e sob uma perspectiva teórica de encruzilhada entre o marxismo e o antirracismo radical.

Buscamos aproximar o diálogo entre a formação técnica e a humanística, pois há um abismo teórico que perpassa os dois polos. Nos cursos técnicos falta a compreensão da dimensão humana na produção tecnológica, e nas ciências humanas passa batido o elemento básico de como funcionam e atuam as tecnologias digitais. Ao longo de anos ministrando aulas de informática e sociedade, pudemos compor esta interface de comunicação necessária rumo à superação desses polos antitéticos, no espírito de uma ciência descolonizada em seu cartesianismo engessado em divisões.

Reconhecemos se tratar de um objeto novo, complexo e escorregadio e assumimos os riscos de não termos dado conta da tarefa ou não termos abordado satisfatoriamente algumas de suas mediações. Em sua elaboração, contamos com generosos e imprescindíveis comentários, críticas e sugestões de pesquisadores e profissionais como Eloá Katia Coelho, Paris Yeros, Weber Lopes Góes, Terezinha Ferrari, Evaristo Silvério Neto, Marcio Barbosa (Ike Banto), Rodrigo Leite, Will Mumu Silva, Janaína Monteiro, Natan Oliveira, Jorge Costa Silva Filho, Tarcízio Silva, Anderson Ávila, Letícia Eli Pereira Campos, entre outros, aos quais agradecemos publicamente. O diálogo constante ou pontual com eles ao longo da investigação se estabeleceu como uma relação de colaboração científica que nos permitiu inserir perguntas, corrigir o curso da análise ou ampliar o olhar para uma série de aspectos sensíveis ou polêmicos dos quais não teríamos dado conta sozinhos.

PARTE I
O DILEMA DAS REDES E A ATUALIDADE DO COLONIALISMO

1
O MITO *DEUS EX MACHINA* REVISITADO: QUEM COLONIZA QUEM?

"Hoje vivemos num mundo muito pobre de interrupções, pobre de entremeios e tempos intermédios [...]. Há diversos tipos de atividade. A atividade que segue a estupidez da mecânica é pobre em interrupções. A máquina não pode fazer pausas. Apesar de todo o seu desempenho computacional, o computador é burro, na medida em que lhe falta a capacidade para hesitar."

Byung-Chul Han, *Sociedade do cansaço*

Tem sido cada vez mais frequente – no cinema convencional e, principalmente, naquele de streaming – a veiculação de filmes que alertam para o risco de insurreições cibernéticas em que máquinas autonomizadas se rebelam violentamente contra seus criadores, escravizando-os ou até os exterminando. A imagem não é nova, sobretudo na sociedade ocidental, e remete a uma ficção que suscita o mito de Prometeu, quando este titã rouba o fogo celeste de Zeus *pater* no Olimpo e o entrega aos humanos, dando--lhes a oportunidade de criar *tékhne*, *lógos*, ciência e arte e, sobretudo, de se rebelar contra seus criadores.

Na modernidade, porém, o mito se inverte quando o desobediente titã, cansado de ter seu fígado devorado no Cáucaso, parece desviar o fogo celeste das mãos dos humanos para suas ameaçadoras máquinas automatizadas: do célebre romance *Frankenstein*, de Mary Shelley, à saga *Matrix*, de Lilly Wachowski e Lana Wachowski, veem-se retratados os receios humanos de que, agora, sua servil criação ganhe sentidos próprios de existência e se rebele violentamente, colocando a existência social e biológica em risco. De certa forma, o famoso documentário *O dilema das redes* (2020), de Jeff Orlowski, retoma esse mito ao alertar sobre os impactos devastadores das tecnologias a partir da apresentação de programadores arrependidos por terem desenvolvido sofisticadas tecnologias de vigilância e controle cibernético, que se retroalimentam por meio da aura humana. Nessa narrativa mítica,

32 • Colonialismo digital

não apenas o suposto *mundo virtual* aparece como contraposto ao *mundo real*, como o primeiro, identificado com o espaço cibernético, é visto como entidade autônoma que ameaça dominar o suposto mundo real.

Nesta altura, podem ser úteis algumas explicações conceituais. O termo "cibernética" vem do grego *kubernetes*, que significa timoneiro[1], pois o leme é considerado um dos primeiros dispositivos de navegação. O termo passou a circular pelos artigos científicos e pesquisas militares de ponta em 1948, com a publicação de *Cibernética, ou controle e comunicação no animal e na máquina*, livro do matemático Norbert Wiener. A cibernética se interessa pelos processos de comunicação e controle presentes nos seres vivos, mas também nas máquinas. Em resumo, trata da não descontinuidade entre a carne e a máquina, entre a tecnologia e o organismo vivo, o que faz dela um processo anterior à própria internet. Hoje utilizamos alguns conceitos como ciberespaço, cibercultura e ciborgue, mas pouco conhecemos sobre as origens dessa teoria[2].

Um dos legados desse campo é o desenvolvimento do princípio do feedback. Nos Estados Unidos, no auge dos esforços militares da Segunda Guerra Mundial, uma equipe formada por antropólogos, engenheiros, matemáticos e fisiologistas se uniu para desenvolver armas que funcionassem a partir do princípio de feedback, também chamado de realimentação ou retroalimentação. Esse princípio telenômico de processamento de informação[3] foi posteriormente utilizado em outros campos do conhecimento

---

[1] Na linguagem náutica, o timoneiro – pessoa que controla o leme – é o principal responsável pela navegação.

[2] Joon Ho Kim, "Cibernética, ciborgues e ciberespaço: notas sobre as origens da cibernética e sua reinvenção cultural", *Horizontes Antropológicos*, Porto Alegre, v. 10, jun. 2004, p. 199-219; disponível on-line.

[3] O termo "telenômico" vem do grego *telo* [finalidade] e *nomia* [lei]. Isso significa que o processamento de informação não se resume a meros processos espontâneos e entrópicos de dissipação de energia, presentes em todo o universo, mas sim a um processo de trabalho não espontâneo, próprio dos seres vivos, movido por um dado objetivo: "Os sinais que transitam pelo sistema nervoso do animal acionando e movimentando seus sentidos, músculos e ossos são pulsos eletroquímicos. É matéria processada energia. Contudo, nesse caso, essa matéria-energia está possibilitando pôr em forma seu corpo e, por meio dele, todo o ambiente à volta, visando extrair energia livre do ambiente para repor a sua. Essa específica forma telenômica de trabalho é definida como informação". Ver Marcos Dantas et al, *O valor da informação: de como o capital se apropria do trabalho social na era do espetáculo e da internet* (São Paulo, Boitempo, 2022), p. 19.

O mito *deus ex machina* revisitado • 33

humano, como a biologia, a antropologia e a psicologia sistêmica, com vistas à explicação do processo de antropogênese e psicogênese. No caso dos estudos tecnológicos, segundo se esperava, o feedback realimentaria a performance de mente, corpo e tecnologia na evolução humana[4].

Nos anos 1980, com o aprofundamento da terceira fase da Revolução Industrial, o termo "cibernética" favoreceu o surgimento do movimento literário chamado cyberpunk[5]. Desde o advento da cibernética, seu significado foi dilatado e desdobrado em novos termos que hoje são corriqueiros, mas nem sempre compreendidos. No mesmo patamar de intensa popularização e relativa incompreensão encontram-se os termos "virtual" e "digital".

Ao contrário do que se pode intuir, o virtual não é contrário do real nem pode ser confundido com o digital. O digital é o armazenamento e o processamento de dados em computadores em forma de códigos que representam letras, números, imagens, sons etc.[6], enquanto o virtual é um atributo potencial da realidade que pode ser apreendido pelo trabalho do pensamento. Na Grécia Antiga, o virtual, pensado como *virtus*, força, potência, significava um ser que ainda não se realizou, mas que possui possibilidades de realização. Desde Aristóteles[7], a potência é uma possibilidade que ainda não é, mas pode vir a ser. O exemplo mais abordado, neste caso, é o da semente: a semente, consolidada em ato, contém em si o potencial de ser uma qualidade de árvore. Embora esteja prevista em sua natureza, enquanto não brotar e crescer, de fato, a árvore só existirá nela virtualmente, ou seja, em potência.

No entanto, o filósofo derridiano Pierre Lévy propõe uma distinção lógica entre "possível" e "virtual"[8]. O primeiro termo, pouco aberto à criação, está determinado por suas próprias características, enquanto o segundo

---

[4]   Joon Ho Kim, "Cibernética, ciborgues e ciberespaço", cit.

[5]   "Em seu livro de não ficção, *The Hacker Crackdown: Law and Disorder on the Electronic Frontier*, Bruce Sterling comenta que o termo *cyberspace* surgiu em 1982 na literatura cyberpunk [...]. Naquele ano, Willian Gibson lançou *Neuromancer*, considerado um clássico da literatura cyberpunk, que além do termo cyberspace também introduziu o termo matrix para se referir ao ciberespaço como uma rede global de simulação. Sterling acrescenta que o 'ciberespaço' não é uma fantasia de ficção científica, mas um 'lugar' onde temos experiências genuínas e que existe há mais de um século." Joon Ho Kim, "Cibernética, ciborgues e ciberespaço", cit., p. 212-3.

[6]   Agenor Martins, *O que é computador?* (São Paulo, Brasiliense, 1991).

[7]   Aristóteles, *Metafísica*, v. 1 e 2 (trad. Marcelo Perine, São Paulo, Loyola, 2001).

[8]   Pierre Lévy, *O que é o virtual?* (trad. Paulo Neves, São Paulo, Editora 34, 1996), p. 16.

34 • Colonialismo digital

traz em suas propriedades ontológicas a abertura à criação inovadora de acontecimentos externos:

O virtual não se opõe ao real, mas sim ao atual. Contrariamente ao possível, estático e já constituído, o virtual é como o complexo problemático, o nó de tendências ou de forças que acompanha uma situação, um acontecimento, um objeto ou uma entidade qualquer, e que chama um processo de resolução: a atualização. [...] Por um lado, a entidade carrega e produz suas virtualidades: um acontecimento, por exemplo, reorganiza uma problemática anterior e é suscetível de receber interpretações variadas. Por outro lado, o virtual constitui a entidade: as virtualidades inerentes a um ser, sua problemática, o nó de tensões, de coerções e de projetos que o animam, as questões que o movem, são parte essencial de sua determinação.[9]

Segundo o filósofo, podemos pensar a realidade do "virtual", por exemplo, na comunicação analógica de uma voz. As ondas sonoras de uma palavra emitida por corda vocal são as mídias (meios de propagação) dos dados a ser captados por um tímpano e decodificados pelo cérebro humano. Mas os significados que lhes atribuímos no pensamento estão no campo do virtual. Pensamentos, em sua dimensão teleológica, são reais na qualidade de ente existente, embora intangíveis, enquanto não se objetivam através da ação humana. Se o virtual não é oposto ao real, o mesmo se pode dizer do universo digital, oferecido pelo computador. Mas aqui há algumas particularidades a ser consideradas.

Em primeiro lugar, a intangibilidade que caracteriza programas, aplicativos e algoritmos não é teleológica, mas causal[10]. Ainda que possamos

---

[9] Idem.

[10] Para uma diferença entre teleologia e causalidade, ver György Lukács, *Para uma ontologia do ser social II* (trad. Nélio Schneider, São Paulo, Boitempo, 2013). Para o filósofo húngaro, teleologia é a capacidade de antever em sua mente o resultado do trabalho. Essa antecipação, no entanto, é possível a partir da observação não automática de dados da realidade concreta e, ao mesmo tempo, encontrará na concretude causal do mundo os limites para sua projeção. Uma ação prática bem-sucedida é aquela que consegue captar as leis gerais do objeto que visa a alterar. Assim, teleologia e causalidade se distinguem, mas só existem, para os seres humanos, em relação. Um passo anterior e talvez germinal à teleologia é a telenomia. É um dado mais geral de todo ser vivo superar as formas minerais e espontâneas de trabalho (consumo entrópico de energia para o descanso) em direção a um processo não espontâneo (telenômico) de movimento orientado por um dado objetivo, que pode ser se alimentar, se reproduzir ou se abrigar de um ambiente hostil. Ver Marcos Dantas et al., *O valor da informação: de como o capital se apropria do trabalho social na era do espetáculo e*

O mito *deus ex machina* revisitado • 35

programar um robô digital (bot) para identificar padrões matemáticos em certa base de dados e que, depois de determinada quantidade de operações, seus algoritmos estejam aptos e habilitados a reprogramar seus próprios parâmetros de cálculo, seu modo de funcionamento, aplicação e finalidade ainda dependerá das leis causais impostas por sua programação inicial, da supervisão humana dos vieses e, sobretudo, das propriedades físicas dos hardwares sob o qual operam[11].

Um caso que parece desafiar essa definição e está causando grande comoção – e pânico – entre as apostas de inteligência artificial é o modelo de linguagem escrita ChatGPT, lançado no fim de 2022. Diferente dos chatbots convencionais, ele consegue gerar textos, fórmulas matemáticas ou desenhos em código ASCII, automaticamente a partir de poucos dados de entrada, oferecendo respostas novas[12]. A óbvia capacidade criativa do programa transcende os limites meramente causais rumo a um processamento telenômico de informação, mas ainda não parece apresentar um salto ontológico na direção de uma teleologia[13]. De qualquer modo, não deixa de representar uma revolução tecnológica sem precedentes.

---

da internet (São Paulo, Boitempo, 2022). Para Lukács (*Para uma ontologia do ser social II*, cit.), a experiência humana representa um salto ontológico mais complexo em relação às formas de existência minerais e biológicas anteriores, ainda que não possa prescindir delas, uma vez que seguimos sendo seres vivos, compostos por um determinado arranjo químico.

[11] É possível que um dia a chamada inteligência artificial alcance o que, no jargão gig, é conhecido como "singularidade tecnológica": um agente computacional que supere a necessidade imposta por sua programação inicial e alcance a capacidade e a liberdade de autoaperfeiçoamento, autonomizando-se e ultrapassando a inteligência humana. Hoje, o processamento de dados pelas chamadas redes neurais profundas (*deep learning*) já permite que os dados de saída de um determinado bot produzam resultados inesperados aos programadores. Por essa razão, há todo um investimento em mão de obra qualificada para supervisionar e refinar o trabalho dos robôs, que, por sua vez, registram as novas configurações de refinamento para precisarem, cada vez menos, da interferência humana, até que surjam novas tarefas. Sobre inteligência artificial e o chamado "aprendizado de máquina", ver Dora Kaufman, *A inteligência artificial irá suplantar a inteligência humana?* (Barueri, Estação das Letras e Cores, 2018).

[12] Outro produto oferecido pela OpenAi com funcionamento semelhante, mas exclusivo para imagens, é o Dall-E.

[13] Em uma revisão sistemática sobre a inteligência artificial, Dora Kaufman coloca a questão da seguinte forma: "Russell e Norvig (2009) propõem duas perguntas filosóficas: a) pode a máquina atuar de forma inteligente? e b) pode a máquina realmente pensar?

36 • Colonialismo digital

Em segundo lugar, a existência do universo digital somente é possível a partir da interação de pessoas em determinados meios físicos de comunicação codificada. Assim como na comunicação analógica, esses meios físicos demandam certa quantidade, velocidade e interação de massa e energia no tempo e no espaço para que sejam possíveis. Como lembra Marcos Dantas, nem mesmo a informação, com suas características intangíveis e simbólicas, pode prescindir de certo arranjo químico e físico (embora não se reduza a isso).

Definimos informação como alguma modulação de energia que provoca algo diferente em um sistema ou ambiente qualquer e produz, nesse sistema ou ambiente, algum tipo de *ação orientada*, se nele existirem agentes capazes e interessados em captar e processar os sentidos ou significados daquela modulação. A informação, assim, não está no objeto nem no agente. Ela se encontra na *interação*, na relação estabelecida por meio de fenômenos físico-químicos, entre i) agentes movidos por suas *finalidades* e ii) as *formas* por eles destacadas no ambiente da ação, durante o *tempo* da ação.[14]

Ainda que não possamos pegar uma foto virtual, ela ocupa um lugar no tempo e no espaço. Um *nude* picante enviado ao *crush* exige uma câmera fotográfica (por exemplo, de um celular) que converte determinado padrão de luz e sombra em códigos binários que, por sua vez, são transmitidos por determinado meio físico (rádio, cabo, fibra óptica, satélite etc.) para outro aparelho que os receba, os decodifique e os converta em uma imagem semelhante à anteriormente emitida.

O *nude* recebido, ainda que tenha sido alterado por aplicativos de filtros ou nem seja a verdadeira fotografia do emissor, não deixa de ser uma entidade real, dotada de determinados atributos físicos dispostos no tempo e no espaço. Não à toa, de tempos em tempos, temos de apagar algumas fotos

---

[teleologicamente] Os recentes avanços no campo da IA respondem positivamente à primeira pergunta. Sobre a segunda, o processo de aprendizado das máquinas (*deep learning*) refuta a ideia de 'pensar', pelo menos de acordo com o senso comum da expressão. Ambas remetem aos conceitos de inteligência e consciência, numa aproximação entre as ciências cognitivas e as computacionais perpassando as teorias da mente. Mesmo com vasta bibliografia [...], o conhecimento sobre a mente humana (inteligência e consciência) ainda é bem limitado, 'grande parte da mente humana permanece como um território não mapeado'". Dora Kaufman, "Inteligência artificial: questões éticas a serem enfrentadas", *Cibercultura, democracia e liberdade no Brasil*, IX Simpósio Nacional ABCiber, PUC-SP, 2016.

[14] Marcos Dantas et al, *O valor da informação*, cit., p. 17, grifos do autor.

para liberar espaço no HD de nosso celular. Se o digital não fosse real, não precisaria respeitar as leis da física, e sua produção, sua transmissão e sua recepção seriam impossíveis, ficando restritas à imaginação.

O digital não é apenas um dado *objetivo* da realidade, mas também – assim como outras produções humanas ao longo da história – alterou decisivamente nossa percepção *subjetiva* acerca do tempo e do espaço, transformando, com isso, a nossa percepção a respeito do virtual. Antes da internet e do respectivo desenvolvimento tecnológico que permitiu condensar uma câmera fotográfica de alta resolução em um aparelho móvel de telefone, a foto do *nude* teria que ser revelada em um estúdio por um funcionário desconhecido, mediante um pagamento, para depois ser enviada pelo correio, demorando dias e até semanas para chegar, a depender da distância entre o emissor e o receptor.

O que queremos explicitar é que o processamento de dados em um sistema virtual aberto, ainda que em forma de códigos, depende de pulsos binários e dispositivos em estado sólido (circuitos integrados = chips) que trabalham por ações eletromagnéticas. O famoso *bit* (o 0 e o 1) é uma espécie de código operado pelo liga e desliga da eletricidade em um conjunto complexo e cada vez menor de circuitos integrados. Os elétrons que circulam por seus fios de cobre ou ouro são mensurados em termos de massa ou energia, assim como seu processamento, seu armazenamento e seu transporte dependem de meios físicos sem os quais o cômputo não se estabelece. Se há uma inquestionável intangibilidade da materialidade digital – já que aplicativos, *nudes* e e-books podem ser reproduzidos *ad infinitum* –, essa reprodução depende da adição de energia real que circula sob cabos tangíveis espalhados pelo planeta graças a altíssimos investimentos em infraestrutura. O límpido intangível só existe em interação umbilical com o poluído e concreto tangível.

Com a internet, o aplicativo de interação, autorizado a acessar sua câmera e seu arquivo de imagens, tira a foto e a envia ao receptor – mesmo aquele que se encontra em outro continente – em frações de segundo, dando a ilusão intuitiva de que o arquivo viajaria instantaneamente, em um suposto tempo real. Embora se fale em uma "compressão do espaço e do tempo" que acelera a velocidade de circulação a um patamar quase absurdo, essa velocidade é objetivamente limitada pela quantidade e a qualidade de energia empregada em seu movimento, mas também pelos suportes por meio dos quais ela trafega. A ideia de um suposto tempo real é uma ilusão que oculta a materialidade dos dados e dos meios necessários a seu tráfego.

38 • Colonialismo digital

De todo modo, a aceleração advinda dessa transformação alterou decisivamente os ritmos sociais e, com isso, a dinâmica da vida cotidiana e nossa percepção a respeito do tempo e do espaço. O cenário pandêmico decorrente da epidemia de covid-19 intensificou essa percepção ao provocar uma inédita imersão no ciberespaço, que se consolidou como um dos mais poderosos dispositivos de subjetivação e conversão ampliada da vida em uma grande coleção de mercadorias. Uma subjetivação ambígua que conseguiu tanto intensificar a padronização de gostos, hábitos e desejos a partir de estímulos egoicos cuidadosamente distribuídos como ração de dopamina aos gados de todos os matizes ideológicos e crenças no pasto mundial de mineração de dados quanto dificultar a possibilidade de consensos ou algum projeto comum a partir da criação e da fragmentação *ad infinitum* de nichos e bolhas discursivas fechadas e hostis à diferença.

Ambos os aspectos tiveram sua contrapartida explicitada pela conjuntura atual. Enquanto a padronização permitiu solidariedades e diálogos novos entre sujeitos que, talvez, não se encontrariam de outra forma, as bolhas condicionaram, por sua vez, a existência de comunidades menores – às vezes, transnacionais – de interesse, autocuidado e aglutinação em torno de pautas específicas.

Atualmente, o sentimento hacktivista pode ser expressado como um tipo de ressaca da internet[15] ao presenciar os limites da utopia digital: vislumbramos o cenário distópico *low life* e *high-tech* do vigilantismo digital, das *botnets* que disparam *fake news* em prol do tecnofascismo ou, simplesmente, da intensificação ininterrupta e vertiginosa do cansaço, descrito por Byung-Chul Han[16]: ligados (on-line) o tempo todo e em qualquer lugar, vemos o tempo e o espaço se dilatarem para intensificar de maneira adoecedora a velocidade da produção e, consequentemente, dos vários ritmos que compõem nossa vida. Duas indústrias saíram fortalecidas da pandemia do novo coronavírus: a biotecnologia farmacêutica e as big techs. Estas últimas, no entanto, voltaram a entrar em crise com o fim das restrições epidemiológicas à mobilidade.

Apesar de todo o avanço técnico-científico, a violência não diminuiu na sociedade; pelo contrário, o reino do terror, do genocídio, da tortura e da destruição em massa se fortaleceu, elevando o grau de sofisticação

---

[15] Leonardo Foletto, "Ressaca da internet, espírito do tempo", *Outras palavras*, 9 jul. 2018; disponível on-line.

[16] Byung-Chul Han, *Sociedade do cansaço* (trad. Enio Paulo Giachini, Petrópolis, Vozes, 2015).

da violência e implementando-a com novas tecnologias necropolíticas de poder – poder esse que se volta tanto contra os territórios guetizados do mundo quanto sobre a humanidade como um todo[17]. Manifesta-se também uma violência positiva que visa a banir ideologicamente toda negatividade, criando um mundo sem outro, sem eros, um mundo narcísico do autodesempenho, do coach e da autoajuda, do "empresário de si"[18].

Essa violência intrapsíquica, que, segundo Han[19], leva diretamente ao burnout e à depressão, é intensificada pelo revolucionamento constante e exponencialmente acelerado das forças produtivas, um desenvolvimento irrefreado de possibilidades técnicas que reconfigura a experiência sensível a patamares inimagináveis. Trata-se de uma ampliação jamais vista das capacidades humanas: a redefinição, sem precedentes, de nossa percepção e das concepções de tempo e espaço, mas, sobretudo, das noções de corpo e de self.

Assim, o mito prometeico, em sua face estranhada, se converte em seu oposto: o fogo produtivo que permitiu a rebeldia contra os deuses agora, fora de controle, ameaça destrutivamente a vida humana e até a sobrevivência do planeta. Falo da vida humana, a mesma que produz a riqueza social da qual advém a máquina, o software e seus algoritmos socialmente determinados; vida que se desvaloriza na mesma velocidade em que produz valor, submetida a poderes que encarceram, matam, mutilam, fazendo do corpo uma mercadoria quantificável e descartável de um espetáculo do terror necropolítico.

A comoção que se seguiu ao lançamento do documentário *O dilema das redes* (direção Jeff Orlowski, 2020) é, de certa forma, alimentada por importantes estudos que problematizam os efeitos desse dilema no campo da filosofia e das ciências sociais e humanas. No entanto, em alguns momentos, essas louváveis reações lembram a revolta dos trabalhadores ingleses, entre 1811 e 1812, contra o avanço tecnológico propiciado pela Revolução Industrial. O movimento, chamado ludismo em referência a um trabalhador revoltado de nome Ned Ludd, eclodiu após os operários perceberem que a introdução das novas tecnologias na produção fabril não resultou no alívio de seu exaustivo turno, mas na substituição da mão de obra humana pela máquina. Em uma resposta quase visceral, iniciou-se uma ação violenta de

---

[17] Achille Mbembe, *Crítica da razão negra* (trad. Sebastião Nascimento, São Paulo, n-1, 2018).

[18] Byung-Chul Han, *Sociedade do cansaço*, cit.

[19] Idem.

40 • Colonialismo digital

quebra intencional das máquinas. Em defesa do movimento, o historiador Eric Hobsbawm argumenta que, embora este não tivesse condições de deter o "triunfalismo do capitalismo industrial como um todo", não foi "de maneira alguma a arma desesperadamente ineficiente que se tem feito parecer"[20]. Atualmente, ninguém em sã consciência jogaria o celular contra a parede, mas vem crescendo a percepção de que as tecnologias da informação têm roubado parte preciosa de nós mesmos. Fala-se em como a tecnologia está dominando nossa vida, nos distanciando uns dos outros, nos desumanizando e, sobretudo, do cansaço que elas provocam ao nos converter em mercadorias. Em contrapartida, alerta-se para o caráter supostamente voluntário dessa dominação à medida que a coerção externa tende a ser aceita e interiorizada por conta de um desejo íntimo de usufruir de seus benefícios.

Curioso é que a denúncia dessa tecnicização informacional da vida ganha força e consegue se difundir justamente através dos mecanismos disponibilizados por esse mesmo avanço tecnológico, comemorado, ao mesmo tempo, em seus possíveis benefícios à humanidade. O progresso científico e tecnológico, anunciado como o grande triunfo do século XXI, tem demonstrado um caráter fortemente ambíguo no que diz respeito aos desdobramentos políticos e sociais do seu uso.

Neste agitado início de século, período de incríveis descobertas científicas e novas formas de interação, o mundo segue de certa maneira a máxima advinda da literatura cyberpunk *low life, high-tech*: a miséria humana, a violência militar imperialista, as migrações forçadas, a xenofobia racializada[21] e os fundamentalismos tendem a se integrar com o avanço tecnológico, em especial na área militar e na comunicação. As tendências políticas balcanizantes são, contraditoriamente, perpassadas pela mais totalizante ubiquidade que o mundo já viu, o *modus operandi* do capital em sua tendente submissão da vida à produção do mais-valor.

É necessário alertar para certa colonização da vida pelas máquinas e pelos algoritmos, mas a pergunta que as pessoas nem sempre se fazem é: *quem*

---

[20] Eric Hobsbawm, *Os trabalhadores: estudo sobre a história do operariado* (Rio de Janeiro, Paz e Terra, 1981), p. 27.

[21] Sobre xenofobia racializada, ver Deivison Faustino e Leila Maria de Oliveira, "Xeno-racismo ou xenofobia racializada? Problematizando a hospitalidade seletiva aos estrangeiros no Brasil", *REMHU*, v. 29, n. 63, set.-dez. 2021, p. 193-210; disponível on-line.

domina quem? Se a máquina domina o humano, ainda que por meio de uma servidão voluntária, quem domina a máquina? Em outras palavras, se algoritmos macabros colonizam nosso cotidiano para captar dados e induzir nosso comportamento e nossa subjetividade, com que *razão* o fazem? Será correto atribuir razão e, portanto, status de sujeito ao algoritmo quando ele próprio é programado por alguém com vistas à obtenção de determinados resultados?

De fato, como se demonstrou em *O dilema das redes*, quem programa os algoritmos para fazer exatamente o que têm feito são pessoas... Mas essas pessoas são trabalhadores informacionais altamente especializados, a serviço, na maioria das vezes, dos grandes oligopólios capitalistas que impõem as lógicas e a função de tudo o que será produzido.

O *dilema* em questão não é, necessariamente, *nem* sequer constitui um dilema, mas, sim, os reflexos das *contradições* postas pelo emprego da tecnologia informacional nas relações capitalistas de produção. Independentemente da nobreza ou da abjeção das motivações e dos resultados práticos, tudo o que se faz nas chamadas redes – e, cada vez mais, fora delas – tem se convertido em dados a ser capturados, manipulados e minerados pelos grandes monopólios informacionais em favor da extração de mais-valor.

Trabalho, estudo, entretenimento, sociabilidade e sexualidade têm sido cada vez mais mediados por aplicativos e plataformas comandados pelas big techs do vale do Silício. São programas proprietários que, além de monopolizar a comunicação, nos vigiam e mineram os dados e biodados que produzimos para vendê-los a valores maiores que o do ouro ou o do petróleo.

Na sociedade pós-moderna de sujeitos esquizoides, de hiper-realidade espetacular, a fragmentação das diferenças é unificada, dentro do que Marx chamou de unidade na multiplicidade, sob o "leito de Procusto" do capital, este Moloch que cada vez mais cria um mundo à sua imagem e semelhança, sua criação destrutiva. Se a diferença se multiplica e fragmenta culturalmente os sujeitos na globalização, a identidade é cimentada através da ubiquidade da mercadoria dentro do modo de produção capitalista. Nunca a mercadoria foi tão pervasiva, nunca a contradição entre produção social e apropriação privada esteve tão explícita.

As novas tecnologias informacionais são a tônica de nosso velho e admirável mundo novo. Um mundo real onde tudo muda a velocidades crescentes, mas muda para intensificar e diversificar as velhas formas de produção e extração de mais-valor. As promessas de um capitalismo informacional ou imaterial, cidades inteligentes, smarthouses e trabalho em casa, tudo pervasivamente ligado a uma internet das coisas (IoT – *internet of things*), na verdade nos permitiram morar no trabalho e/ou em um shopping supostamente metavirtual, onde a vida vai sendo, cada vez mais, convertida em uma entediante e fungível coleção de mercadorias.

Um admirável mundo novo sob as velhas bases do velho mais-valor. Eis a questão! O trabalho pioneiro de Nich Couldry e Andreas Hepp é emblemático: há uma dimensão colonial na forma como nossas relações cotidianas têm sido alteradas pelos dados, configurando um tipo de colonialismo que eleva as formas de dominação a um novo patamar. Contudo, eles alertam, "esse novo colonialismo não acontece apenas por si mesmo, mas é impulsionado pelos imperativos do capitalismo"[22].

No mesmo caminho, o engenheiro brasileiro Roberto Moraes argumenta:

> A economia de plataformas realiza um misto de dataficação, financeirização e neoliberalismo. Não há como analisar as big techs e a dominação tecnológica-digital que elas exercem na condição de "empresa-plataformas-raiz" fora do contexto da hegemonia financeira do capitalismo contemporâneo. Tanto na atração de capitais (fundo hedge e venture capital) nos processos de capitalização quanto na extração de valor da economia real e da produção.[23]

As bases sobre as quais repousa esse inimaginável milagre ateu ainda são a propriedade privada e a violenta extração de mais-valor, processo para o qual o racismo e a racialização seguem se apresentando como elementos indispensáveis. Esse indigesto "detalhe" influi não apenas no que será produzido e em quem terá o poder de acessar esses produtos, mas, sobretudo, nos desenhos tecnológicos que os concebem e seus algoritmos.

Algoritmos são receitas, sequências, previsões... programas planejados por alguém para determinado fim. Como todo design tecnológico, eles expressam, recolocam e podem intensificar as contradições sociais do meio que estimulou ou possibilitou sua criação. Colocado nesses termos, o aparente dilema se desfaz e revela, na verdade, uma velha e ainda não superada contradição: o capital *versus* o trabalho.

---

[22] Nick Couldry e Andreas Hepp, *The Mediated Construction of Reality: Society, Culture, Mediatization* (Cambridge, Polity, 2017).

[23] Roberto Moraes, "Big techs: teia de aranha digital-financeira entra em novo patamar de acumulação e controle sobre o mundo real e o poder", *Blog do Moraes*, 8 nov. 2021; disponível on-line.

2
ALGUNS RISCOS DESSE PERCURSO

"O caráter misterioso da forma-mercadoria consiste, portanto, simplesmente no fato de que ela reflete aos homens os caracteres sociais de seu próprio trabalho como caracteres objetivos dos próprios produtos do trabalho, como propriedades sociais que são naturais a essas coisas e, por isso, reflete também a relação social dos produtores com o trabalho total como uma relação social entre os objetos, existente à margem dos produtores."

Karl Marx, *O capital*, Livro I

Neste estudo, nós nos propomos a investigar o papel das tecnologias informacionais na reprodução do atual estágio de acumulação capitalista, observando sua articulação concreta com algumas ideologias de dominação, como o fetichismo, o racismo e a racialização. Essa tarefa será acompanhada por alguns riscos que merecem ser problematizados no âmbito do presente trabalho, a saber: 1) o fetiche da tecnologia; 2) a sensibilidade às alterações na composição orgânica do capital; 3) a combinação eurocêntrica entre politicismo e economicismo.

Para Henrique Novaes, o fetiche da tecnologia é a crença na neutralidade e na linearidade do desenvolvimento das forças produtivas no capitalismo. Assim, o avanço científico e tecnológico é tomado, necessariamente, como sempre bom e evolutivamente melhor que os avanços anteriores, sem, contudo, se discutirem as contradições implícitas às relações sociais que o constituem. Na verdade, ao tomar o exemplo do fetiche da mercadoria, oferecido por Marx, Novaes afirma que o fetiche da tecnologia obscurece as relações sociais[1].

No caso do presente estudo, o fetiche da mercadoria refere-se às posições ideológicas que tomam as tecnologias (especialmente de comunicação) ora

---

[1] Henrique T. Novaes, *O fetiche da tecnologia: a experiência das fábricas recuperadas* (São Paulo, Expressão Popular, 2007).

44 • Colonialismo digital

como divindades libertadoras, ora como demônios autônomos, manipuladores e usurpadores das mentes e almas de supostos pobres usuários humanos adictos. O argumento aqui assumido é o de que ambas as posições são mistificações fetichizadas que obscurecem tanto as relações sociais quanto os valores que as engendram. Para Marx, o fetichismo ocorre quando a mercadoria e as leis econômicas deixam de ser vistas como produtos das relações sociais e passam a ser encaradas como entidades universais e a-históricas ou dotadas de vida e intencionalidade próprias[2]. Ocorre que o fetiche não se reduz à naturalização da exploração; expressa-se, também, pela aceitação do mito da neutralidade[3] ou da incontrolabilidade – seja salvadora, seja amaldiçoadora – da tecnologia, como se ela própria não fosse fruto de relações sociais historicamente determinadas que a projetam de acordo com certas finalidades políticas, culturais e econômicas.

De um lado, encontra-se o mito da internet salvadora[4], segundo o qual a ampliação do acesso à internet representa a democratização ou o maior

---

[2] "A forma-mercadoria e a relação de valor dos produtos do trabalho em que ela se representa não guardam, ao contrário, absolutamente nenhuma relação com sua natureza física e com as relações materiais (*dinglichen*) que derivam desta última. É apenas uma relação social determinada entre os próprios homens que aqui assume, para eles, a forma fantasmagórica de uma relação entre coisas. Desse modo, para encontrarmos uma analogia, temos de nos refugiar na região nebulosa do mundo religioso. Aqui, os produtos do cérebro humano parecem dotados de vida própria, como figuras independentes que travam relação umas com as outras e com os homens. Assim se apresentam, no mundo das mercadorias, os produtos da mão humana. A isso eu chamo de fetichismo, que se cola aos produtos do trabalho tão logo eles são produzidos como mercadorias e que, por isso, é inseparável da produção de mercadorias." Karl Marx, *O capital. Crítica da economia política*, Livro I: *O processo de produção do capital* (trad. Rubens Enderle, São Paulo, Boitempo, 2013, coleção Marx-Engels), p. 147-8.

[3] "Da mesma forma que a mercadoria encobre uma relação de classes de uma época histórica determinada, a tecnologia é entendida como um meio para se atingir fins, como 'ciência aplicada' em equipamentos para aumentar a eficácia na produção de bens e serviços. [...] a tecnologia que nos é apresentada como politicamente neutra, eterna, a-histórica, sujeita a valores estritamente técnicos e, portanto, não permeada pela luta de classes, é uma construção histórico-social. E, assim como a mercadoria, tende a obscurecer as relações de classe diluindo-as no conteúdo aparentemente não específico da técnica." Henrique T. Novaes, *O fetiche da tecnologia*, cit., p. 75-6.

[4] Tal como observada por Evgeny Morozov ao fim do século XX. Ver sua obra *Big Tech: a ascensão dos dados e a morte da política* (trad. Claudio Marcondes, São Paulo, Ubu, 2018).

Alguns riscos desse percurso • 45

controle popular dos meios de comunicação e seus algoritmos e desenhos tecnológicos, aumentando, assim, as possibilidades de luta[5]. Do outro lado, encontra-se o mito apocalíptico da Matrix – expresso na trilogia dirigida por Lilly e Lana Wachowski em 1999 –, no qual as máquinas adquiririam "vida" própria e passariam a escravizar os seres humanos, cultivando seus sonhos e seus impulsos neuronais enquanto se alimentariam de suas energias vitais[6].

Embora essa descrição seja, de fato, intuitivamente percebida e bastante familiar à presente geração, ela também pode ser mistificadora caso se perca de vista o caráter social – capitalista – da concepção, da produção e da utilização do meio técnico-científico-informacional[7]. Poderíamos afirmar, assim, que esse conjunto de transformações tecnológicas apresenta-se como ameaça, não (apenas) por o serem, *em si*, mas por terem sido projetadas, produzidas e empregadas sob e em função de relações sociais (capitalistas) ameaçadoras, que ficam ocultas quando não se supera o fetiche da tecnologia. Esse rigor analítico é fundamental para não reproduzir uma espécie de ludismo digital[8], que amaldiçoa (apenas) as máquinas enquanto isenta da mesma maldição as relações sociais que as engendram como ameaça.

O segundo risco que pode nos acompanhar é a sensibilidade em relação às novas alterações históricas na composição orgânica do capital (COC), isto é, a percepção de determinados estudos em relação às transformações

---

[5] Edilson Cazeloto, "Apontamentos sobre a noção de 'democratização da internet'", em Eugênio Trivinho e Edilson Cazeloto (orgs.), *A cibercultura e seu espelho: campo de conhecimento emergente e nova vivência humana na era da imersão interativa* (São Paulo, ABCiber/Instituto Itaú Cultural, 2009).

[6] Danilo Cesar M. Doneda et al., "Considerações iniciais sobre inteligência artificial, ética e autonomia pessoal", *Pensar – Revista de Ciências Jurídicas*, Fortaleza, v. 23, n. 4, out./dez. 2018, p. 1-17.

[7] Concordamos com Richard Seymour, portanto, em sua crítica ao documentário *O dilema das redes*, exibido pela corporação Netflix, quando afirma que o filme "está correto em destacar o poder que está em jogo. E quando ele chama atenção, com horror palpável, para o crescimento exponencial do poder de processamento computacional, ele claramente apreende que poder de processamento é poder político. No entanto, é extraordinário como não ocorre a ninguém pensar este poder como um poder de classe. Pois aquilo que está sendo mais eficientemente automatizado na ofensiva cibernética contra o trabalho vivo são os imperativos do capital". Ver Richard Seymour, "Não, as redes sociais não estão destruindo a civilização", *Jacobin Brasil*, trad. Adamo da Veiga, 28 set. 2020; disponível on-line.

[8] David Lyon, "New Technology and the Limits of Luddism", *Science as Culture*, v. 1, n. 7, 1989, p. 122-34.

46 • Colonialismo digital

sociais provocadas pela chamada revolução técnico-científica-informacional. Percebe-se certa polarização no debate, marcado por estudos que, de um lado, enfatizam as transformações provocadas pela introdução das novas tecnologias na produção capitalista mas advogam pela desatualização da teoria marxiana do valor para dar conta deste "novo" cenário, enquanto outros, do outro lado, insistem na permanência, apenas intensificada, das antigas formas de exploração e dominação[9].

No primeiro caso, tende-se a ignorar, por exemplo, que a coleta, o registro e a análise de dados – à revelia ou não de seus "proprietários" –, bem como as formas de comunicação e controle daí decorrentes, não são exatamente novidade na história do capitalismo[10]. Em alguns desses estudos, o emprego de expressões como "sociedade da informação", "capitalismo de plataforma" ou "capitalismo de vigilância" acaba por sugerir a existência de um "novo" tipo de sistema social, essencialmente distinto do que havia algumas décadas antes.

Essa posição, por vezes, ignora, secundariza ou refuta algumas categorias e conceitos que poderiam auxiliar numa análise histórica do problema (como mais-valor; valor de uso e valor; mercantilização da vida; produção, circulação e consumo; indústria cultural; sociedade do espetáculo; entre outros), fragilizando o debate e a percepção daquilo que permanece do período anterior, embora intensificado ou reconfigurado diante de novas possibilidades tecnológicas.

É fato que a crescente inserção de novas tecnologias alterou substancialmente a composição orgânica de capitais no mundo todo, redefinindo não apenas a correlação de forças no interior da luta de classes, como as formas de gerir os conflitos daí advindos[11]. No entanto, o hiperdimensionamento

---

[9] Ver a crítica de Nick Dyer-Witherford a essas duas tendências em "Capitalismo de inteligência artificial: entrevista com Nick Dyer-Witherford", *DigiLabour*, 9 ago. 2019; disponível on-line.

[10] Como alerta Mauro Iasi ao relativizar a novidade representada pela nova conjuntura: "No velho mundo da propaganda também tinha manipulação, indução de comportamento, modelagem de valores, criação de necessidades e tudo o mais. Todas as reflexões sobre indústria cultural da Escola de Frankfurt e a tese lukacsiana sobre a manipulação são anteriores ao *boom* dos computadores e das redes. Evidente que alcançamos uma dimensão maior, mas o princípio envolvido parece-me o mesmo". Mauro Iasi, "O dilema do dilema das redes: a internet é o ópio do povo", *Blog da Boitempo*, out. 2020; disponível on-line.

[11] Terezinha Ferrari, *Fabricalização da cidade e ideologia da circulação* (São Paulo, Outras Expressões, 2012).

da percepção dessas alterações cria a ilusão de ruptura entre o "velho" capitalismo, baseado na exploração de mais-valor, e o "sistema social atual", pretensamente informatizado, quando na verdade seguimos submetidos – de maneira ainda mais precária e violenta que antes – ao complexo sociometabólico do capital.

O outro extremo é a ignorância diante dessas transformações e, sobretudo, de seus efeitos para a dinâmica da luta de classes[12]. Não é difícil encontrar intelectuais afirmando que as contradições do presente já estavam lá, todas previstas e problematizadas por Marx[13]. Essa posição ignora que Marx ou outros autores clássicos não viram o imperialismo próprio ao capital monopolista, a física quântica, as duas grandes guerras europeias, a fibra óptica, o 5G, suas implicações para a sociabilidade contemporânea e os debates e viradas teóricas daí decorrentes.

Se é verdade que seguimos no velho capitalismo, expropriador de mais-valor e reificador de subjetividades, também é verdade que as formas de exploração e apropriação da vida – mas também de resistência – encontram novas possibilidades diante da atual conjuntura. É sobre esse aspecto que nos debruçamos a seguir.

Antes, porém, é importante falar do terceiro risco que nos acompanha neste debate: o risco da combinação eurocêntrica entre politicismo e economicismo. O politicismo é, em termos, a redução do debate social às esferas políticas da realidade, a partir da desconsideração dos fatores econômicos em jogo em determinado cenário[14]. O economicismo, por sua vez, tende a tratar todas as instâncias da realidade como meros reflexos mecânicos das forças econômicas, rebaixando, com isso, a própria noção de economia a um nível bastante silógico e imediato. Desconsidera-se, assim, o conjunto complexo de relações, ideologias, representações e demais mediações que atua de forma articulada em relação ao plano econômico, dando-lhe condições de funcionamento ou representando barreiras e resistências reais.

O método dialético e a crítica da economia política se mostram férteis para criar e embasar novas pesquisas a fim de compreender o capitalismo no

---

[12] É curioso o silêncio da maior parte da literatura progressista (e marxista, em particular) em relação ao Movimento Software Livre e de código aberto, por exemplo.

[13] O próprio artigo de Mauro Iasi ("O dilema do dilema das redes", cit.) se aproxima bastante desta perspectiva.

[14] José Chasin, *Ensaios Ad Hominem, Tomo III: Política* (São Paulo, Ensaio, 1999).

48 • Colonialismo digital

século XXI. Os acúmulos teóricos sobre a ontologia do ser social, o caráter fundante do trabalho, as classes sociais, o imperialismo e o neocolonialismo continuam sendo categorias indispensáveis para a compreensão de fenômenos que aparentemente se mostram indecifráveis no cenário global atual. Mas, para isso, teremos que adentrar em suas contradições e demais relações, conhecer a sua origem e desenvolvimento através do conceito de totalidade, que muitas vezes é tornado uma *reductio ad absurdum* pelos adversários do método dialético de Marx.

Ainda que o marxismo tenha sido um dos elementos fundamentais às lutas antirracistas no século XX, é essencial reconhecer que em alguns momentos o racismo foi negligenciado pelo cânone da literatura marxista, e isso resultou, como argumentamos, em uma deficiência gnosiológica da apreensão ontológica da realidade concreta do capitalismo. Essa lacuna se apresenta, curiosamente, em importantes estudos sobre o velho colonialismo moderno e principalmente sobre o novo colonialismo digital e de dados.

Para superar essa negligência, é imperativo equacionar a gênese e a função do colonialismo e do racismo na dinâmica temporal e espacial da luta de classes capitalista. Desde o século XIX, o estudo do modo de produção capitalista efetivado por Marx tornou-se um clássico imprescindível na área da economia política. Diversos seguidores de Marx buscaram também compreender o método de investigação e de exposição empreendido na obra *O capital*, como Luxemburgo, Lênin, Lukács, Fanon, N'Krumah.

Sem abrir mão dos fundamentos das contribuições marxianas – mas, sobretudo, analisando dialeticamente a situação concreta na qual eles próprios emergem –, esses autores puderam observar os desdobramentos históricos de tendências de poder e dominação implícitas à luta de classes que, embora já apontadas em estado nascente por Marx, adquiriram expressões impensáveis para alguém em seu tempo e espaço. No século XX, os fenômenos do imperialismo, do neocolonialismo, do racismo e da dependência tornaram-se objetos de estudo de grandes representantes do pensamento periférico[15], que se debruçaram sobre a internacionalização do capital e seus circuitos mundiais.

---

[15] Eduardo Devés-Valdés, *O pensamento africano sul-saariano: conexões e paralelos com o pensamento latino-americano e o asiático (um esquema)* (São Paulo, Clacso/Educam, 2008).

Alguns riscos desse percurso • 49

A seguir, analisaremos mais detidamente o lugar do chamado colonialismo digital na reprodução do capitalismo contemporâneo e, sobretudo, suas relações econômicas, políticas e ideológicas com o racismo, a fim de delimitar o vínculo entre as transformações tecnológicas, sociais e psicológicas em curso e as novas formas de exploração, controle e resistência daí decorrentes.

Antes, porém, analisaremos as possíveis implicações digitais da relação histórica entre capitalismo, colonialismo e racismo, apresentando, portanto, o conceito de *racialização digital*.

3
CAPITALISMO, COLONIALISMO E RACISMO: O PARADOXO LOCKEANO E O UNIVERSALISMO DIFERENCIALISTA

"O mundo colonial é um mundo maniqueísta. Não basta ao colono limitar fisicamente, isto é, com seus policiais e guardas, o espaço do colonizado. Como que para ilustrar o caráter totalitário da exploração colonial, o colono faz do colonizado uma espécie de quintessência do mal."

Frantz Fanon, *Os condenados da terra*

Sociedade informacional, economia de bico, economia de compartilhamento, economia de pares, consumo colaborativo, economia colaborativa, economia disruptiva, capitalismo de plataforma, economia de acesso ao excesso, economia de acesso, economia sob demanda, economia virtual, capitalismo baseado na multidão, entre outros. O que esses "novos" termos nos dizem sobre as transformações em curso no processo produtivo, em especial os impactos dessas transformações no conjunto de relações sociais contemporâneas? Para entendermos a materialidade do colonialismo digital, será necessário, antes de qualquer coisa, definirmos o mais precisamente possível o que é o colonialismo e qual é sua importância para a compreensão da sociedade de onde emergem as tecnologias da informação e as contradições a elas associadas.

Algumas explicações de Frantz Fanon sobre as colônias da primeira metade do século XX são extremamente úteis nesse sentido. Seguindo suas trilhas, pode-se afirmar que as relações capitalistas de produção, de onde emergem a terceira, a quarta e a quinta revolução tecnológica, não podem ser entendidas sem um exame rigoroso do papel do colonialismo e do racismo na criação de possibilidades para a emergência da primeira e da segunda revolução tecnológica. Não há capitalismo sem colonialismo e, por sua vez,

52 • Colonialismo digital

não há colonialismo sem racismo, e ambos estão interligados dialeticamente por uma relação de determinações reflexivas[1].

Para se entender a sociedade contemporânea, é fundamental, portanto, analisar a gênese e a função do sistema colonial no "complexo de complexo" que constituiu historicamente a totalidade concreta da sociedade capitalista. Para Fanon, "o mundo colonizado é um mundo cortado em dois. A linha de corte, a fronteira, é indicada pelas casernas e pelos postos policiais. Nas colônias, o interlocutor legítimo e institucional do colonizado, o porta-voz do colono e do regime de opressão, é o policial ou o soldado"[2].

Assim, o sistema colonial é pautado, de início, por um corte supostamente *essencial* na relação entre *sujeito* e *objeto*, fixando de maneira racializada o primeiro no colonizador e o segundo no colonizado. Esse corte autoriza uma suspensão ética, política e estética do colonizado para legitimar e sustentar o pacto social capitalista, como segue argumentando:

> Nos países capitalistas, entre o explorado e o poder interpõe-se uma multidão de professores de moral, de conselheiros, de "desorientadores". Nas regiões coloniais, em contrapartida, o policial e o soldado, por sua presença imediata, suas intervenções diretas e frequentes, mantêm o contato com o colonizado e lhe aconselham, com coronhadas ou napalm, que fique quieto. Como vemos, o intermediário do poder utiliza uma linguagem de pura violência. O intermediário não alivia a opressão, não disfarça a dominação. Ele as expõe, ele as manifesta com a consciência tranquila das forças da ordem. O intermediário leva a violência para a casa e para o cérebro dos colonizados.[3]

Esse aspecto é fundamental para a investigação do papel do desenvolvimento tecnológico – sobretudo informacional – no interior da articulação entre o "novo" e o "velho" das formas de existir do capitalismo, uma vez que se constatará que esse "novo" expressa tendências explícitas do "velho" sistema colonial. Embora o colonialismo, em Fanon, seja, antes de mais nada, uma forma particular de exploração econômica, sua reprodução seria inviável sem o recurso a formas particulares de dominação e soberania nas quais o racismo se apresenta como elemento fundamental.

---

[1]   Deivison Faustino, "A 'interdição do reconhecimento' em Frantz Fanon: a negação colonial, a dialética hegeliana e a apropriação calibanizada dos cânones ocidentais", *Revista de Filosofia Aurora*, v. 33, n. 59, ago. 2021, p. 455-81; disponível on-line.

[2]   Frantz Fanon, *Os condenados da terra* (trad. Enilce Rocha e Lucy Magalhães, Juiz de Fora, Editora UFJF, 2005), p. 55.

[3]   Idem.

Antes de analisar o colonialismo digital, será necessário voltar um pouco no tempo histórico do capitalismo, de modo a delimitar a posição do sistema colonial em seu interior, para, em seguida, confrontar os traços históricos identificados com tendências atuais de participação do desenvolvimento tecnológico informacional nas formas de exploração e soberania contemporâneas.

***

Longe de representarem uma "nova" economia, distinta do "velho" capitalismo, as novas morfologias de trabalho, circulação de mercadorias e compartilhamento de informações via plataformas digitais aceleraram, intensificaram e inovaram as possibilidades de extração de mais-valor, tornando a teoria do valor ainda mais atual que na época em que foi formulada[4].

Isso não significa que esse "novo" possa ser desprezado pela crítica da economia política contemporânea, mas, ao contrário, que ele precisa ser concebido em seu devido lugar: as relações capitalistas de produção em seu estágio de crise estrutural[5]. Se é fato que a base material, o "hardware social", sobre a qual emergem e se consolidam essas novidades tecnológicas é o velho capitalismo, é fundamental lembrar que esse modo social de produção se estruturou a partir do colonialismo.

Embora pouco se fale no assunto, Karl Marx reconhece essa importância ao discutir a "assim chamada acumulação primitiva de capitais". No capítulo 25 do Livro I de *O capital*, intitulado "A teoria moderna da colonização", o pensador alemão fala da importância das colônias para o desenvolvimento e a universalização das relações de produção capitalista:

> O sistema colonial amadureceu o comércio e a navegação como plantas num hibernáculo. [...] Às manufaturas em ascensão, as colônias garantiam um mercado de escoamento e uma acumulação potenciada pelo monopólio do mercado. Os tesouros espoliados fora da Europa diretamente mediante o saqueio, a escravização e o latrocínio refluíam à metrópole e lá se transformavam em capital. [...] Hoje em dia, a supremacia industrial traz consigo a supremacia comercial. No período manufatureiro propriamente dito, ao contrário, é a supremacia comercial que gera o predomínio industrial. Daí

---

[4] Terezinha Ferrari, *Fabricalização da cidade e ideologia da circulação* (São Paulo, Outras Expressões, 2012).

[5] István Mészáros, *Produção destrutiva e Estado capitalista* (trad. Georg Toscheff, São Paulo, Ensaio, 1989).

54 • Colonialismo digital

o papel preponderante que o sistema colonial desempenhava nessa época. [...] *Tal sistema proclamou a produção de mais-valor como finalidade última e única da humanidade.*[6]

Há consequências importantes a extrair dessa conclusão, muitas das quais nem sempre são devidamente analisadas pelo cânone marxista nem, muito menos, por seus críticos, a saber: a determinação reflexiva entre capitalismo e colonialismo e, sobretudo, a relevância do racismo para o desenvolvimento e a consolidação do capital[7]. Karl Marx, objetivando exemplificar o caráter social da produção de valor, afirmou, em outro lugar: "Um negro é um negro. Só em determinadas relações é que se torna escravo"[8].

Frantz Fanon, porém, foi mais longe ao sugerir ser apenas em determinadas circunstâncias históricas que alguém é visto em termos raciais. Para ele, "é o branco que cria o negro (*nègre*)"[9] no exato momento em que não reconhece sua humanidade[10]. Esse não reconhecimento foi peça essencial para a emergência e a consolidação da noção moderna de sujeito.

Sem a expropriação das terras indígenas e a escravização colonial, as relações capitalistas de produção nos países clássicos não teriam se desenvolvido a ponto de saírem vitoriosas na competição com os antigos modos de produção, criando, com isso, o caminho para a consolidação das noções de democracia, liberdade e igual dignidade como pressupostos humanos. Entra em cena, aqui, um fenômeno chamado *paradoxo lockeano*.

Para Góes e Faustino[11], o paradoxo expresso por John Locke consiste na contradição implícita ao contratualismo liberal em sua coabitação harmônica, mas não assumida, com o tráfico escravagista. Locke, conside-

---

6   Karl Marx, *O capital. Crítica da economia política,* Livro I: *O processo de produção do capital* (trad. Rubens Enderle, São Paulo, Boitempo, 2011), p. 823-4, grifo nosso.

7   Deivison Faustino e Leila Maria de Oliveira, "Xeno-racismo ou xenofobia racializada? Problematizando a hospitalidade seletiva aos estrangeiros no Brasil", *REMHU*, v. 29, n. 63, set.-dez. 2021, p. 193-210; disponível on-line.

8   Karl Marx, "Trabalho assalariado e capital", em *Obras escolhidas de Marx e Engels* (Lisboa, Avante, 1982), p. 14.

9   Frantz Fanon, *Sociologie d'une révolution* (Paris, Maspero, 1968), p. 29, tradução nossa.

10   Deivison Faustino, "A emoção é negra e a razão é helênica? Considerações fanonianas sobre a (des)universalização", *Revista Tecnologia e Sociedade*, v. 9, 2013, p. 121-36.

11   Weber Lopes Góes e Deivison M. Faustino, "Capitalism and Racism in the *Longue Durée*: An Analysis of Their Reflexive Determinations", *Agrarian South: Journal of Political Economy*, v. 11, n. 1, fev. 2022.

rado um dos pais da democracia e do direito moderno, entendia a liberdade como atributo ontológico inerente a todos os homens. No entanto, não se furtou a fazer fortuna investindo em empresas holandesas que traficavam pessoas escravizadas.

O aparente paradoxo – que na verdade é uma contradição – vem de uma pergunta nem sempre feita quando se estuda o liberalismo: como pôde esse filósofo criticar a escravização e defender a liberdade com tanto afinco e, ainda assim, ser um entusiasta e beneficiário direto dela?

A resposta dada pela classe social representada por Locke foi simples: o ser humano é livre por natureza e não pode ser escravizado, mas o *negro*... não é humano[12]. O escravizado moderno não podia ser reconhecido como parte dessa comunidade de contratantes que estruturou o pacto social burguês, sob a pena de poder reivindicar para si o *status* a ela reservado e, com isso, desmantelar por completo as bases da expropriação originária que compõem a "assim chamada acumulação primitiva de capitais".

Desse modo, a burguesia iluminista seguiu defendendo a liberdade e a igualdade como atributos ontológicos humanos, a partir de uma crítica metafórica à escravidão, enquanto enriquecia assombrosamente com ela real nas colônias. O colonialismo, necessário à consolidação do capital, é violência em estado bruto, onde a exploração e a dominação adquirem características particulares não condizentes àquelas instauradas pela sociabilidade burguesa[13].

Por essa razão, o *status* jurídico do colonizado foi colocado abaixo do *status* de um sujeito explorado na sociedade de classes. O colonizado nem sequer era visto como sujeito, uma vez que sua condição era reduzida a mero meio de produção. Foi na condição de *objetos* – ou, para sermos mais precisos, seres humanos objetificados – que os povos africanos e indígenas se viram inseridos no contexto de universalização do capital, configurando aquilo que Achille Mbembe destacou como homem-mercadoria, homem--meio-de-produção ou homem-moeda[14].

Essa inserção específica no processo de desenvolvimento capitalista pressupôs a desumanização e a despersonalização quase absoluta dos povos

---

[12] Deivison Faustino, *Frantz Fanon e as encruzilhadas: teoria, política e subjetividade, um guia para compreender Fanon* (São Paulo, Ubu, 2022).

[13] Frantz Fanon, *Os condenados da terra*, cit.

[14] Achille Mbembe, *Crítica da razão negra* (trad. Sebastião Nascimento, São Paulo, n-1, 2018).

56 • Colonialismo digital

colonizados, de forma a convertê-los, tanto objetiva quanto subjetivamente, em um *status* de coisa. Essa desumanização foi concomitante, e também *conditio* econômica e social *sine qua non*, à consolidação da sociedade burguesa e a seus pressupostos jurídicos "universais". Aqui, o racismo e a racialização foram elementos ideológicos fundamentais.

A escravização dos povos africanos e indígenas foi possível mediante a destituição de seu *status* de humanidade a partir de uma diferenciação supostamente ontológica e natural. O negro, como coisa/objeto/mercadoria, é, portanto, uma criação reificada e fantasmagórica desse processo em que o desenvolvimento, a expansão e a consolidação do capitalismo no mundo não poderiam ser acompanhados da universalização das conquistas advindas do desenvolvimento da sociabilidade burguesa.

O racismo moderno é um fruto amargo do que podemos chamar de universalismo diferencialista. É universalista porque destrói ou antropofagiza tudo o que lhe é exterior, atuando para que a produção de mais-valor seja vista como "finalidade última e única da humanidade"[15], mas é diferencialista porque se pauta pela invenção e pela imposição de diferenças – supostamente ontológicas – que inviabilizam a universalização das conquistas humanas alcançadas no interior da sociabilidade do capital.

O racismo, portanto, não se resume a uma crença inferiorizadora, mas atua, sobretudo, como um *decaimento ontológico*[16], um crivo supostamente de humanidade/animalidade, sujeito/objeto, propriedade/proprietário. Associado a esse decaimento, necessário à reprodução colonial-capitalista, encontra-se o fenômeno da racialização cultural e subjetiva. O debate sobre a racialização foi iniciado por Fanon para dar conta dos significados fetichizantes atribuídos a determinados grupos de seres humanos a depender dos lugares sociais a que foram relegados. Diante dela, a divisão racial do trabalho adquire prerrogativas naturalizadas e essencialistas. Identidades historicamente determinadas, como brancos, negros, árabes, judeus, indígenas, orientais, ocidentais, ciganos, entre outras, passaram a ser tomadas como entidades a-históricas cujas qualidades éticas, políticas e estéticas, pretensamente essenciais, seriam inescapáveis e intransferíveis[17].

---

[15] Karl Marx, *O capital*, Livro I, cit., p. 824.

[16] Deivison Faustino, "A 'interdição do reconhecimento' em Frantz Fanon", cit., p. 455-81.

[17] Idem, "Frantz Fanon: capitalismo, racismo e a sociogênese do colonialismo", *Ser Social*, v. 20, n. 42, 2018, p. 148-63.

Em decorrência disso, a partir de uma combinação ética, política e estética que forjou o maior mito identitário da história humana[18], o significante branco se tornou símbolo da humanidade universal – sedimentando ideologicamente a universalização da produção de mais-valor como finalidade última e única de toda a humanidade –, enquanto o negro, "da Guiné" ou "da terra", passou a representar o oposto do desenvolvimento e da universalidade: a especificidade, a selvageria, o lúdico e o corpo[19]. O árabe, por sua vez, se tornou símbolo do terrorismo, e assim sucessivamente.

Há, portanto, uma relação histórica entre capitalismo, colonialismo e racismo. Mas essa relação de exploração e violência pautada pelo universalismo diferencialista não se limitou ao período "primitivo" (inicial) do capitalismo mercantil nem àquele da indústria madura cuja mão de obra escrava fornecia o algodão que alimentava a produção têxtil. A violência colonial se atualizou diante das necessidades dos novos estágios de acumulação capitalista.

---

[18] Idem, "Por uma crítica ao identitarismo (branco)", em Andréa Máris Campos Guerra e Rodrigo Goes e Lima (orgs.), *A psicanálise em elipse decolonial* (São Paulo, n-1, 2021).

[19] Idem, "A emoção é negra e a razão é helênica? Considerações fanonianas sobre a (des)universalização do 'ser' negro", *Revista Tecnologia e Sociedade*, v. 9, n. 18, 2013, p. 121-36.

4
O IMPERIALISMO: UM VELHO CONHECIDO NAS COLÔNIAS

O imperialismo, surgido ao fim do século XIX, intensificou a divisão internacional do trabalho e aprofundou a separação geográfica que reduzia os países colonizados ou recém-independentes a apêndices extrativistas de matérias-primas vinculados às metrópoles. Esse aspecto é crucial para a posterior delimitação do caráter colonial da atual distribuição do desenvolvimento tecnológico informacional.

Entende-se por imperialismo o estágio de desenvolvimento que o capitalismo atingiu quando se afirmou a dominação dos grandes monopólios e do chamado capital financeiro: "Adquiriu marcada importância a exportação de capital, deu-se início à partilha do mundo pelos trustes internacionais e terminou a partilha de toda a Terra entre os grandes países capitalistas"[1].

Lênin superou as teorias reformistas de John Hobson e de Rudolf Hilferding, esquematizando-as, criticando-as no que julgou necessário. Para Hobson, o imperialismo era uma sequela da injustiça social do capitalismo: devido às baixas taxas de benefício no mercado interno para a inversão de capital excedente, busca-se inverter o capital no exterior, e as colônias oferecem força de trabalho barata e com insipiente organização política dos trabalhadores, além de serem fontes de matérias-primas. Assim, dentro da visão de Hobson, uma reforma social interna nos países capitalistas poderia acabar com o imperialismo. Já o austríaco Hilferding desenvolveu o conceito de capital financeiro, que é a fusão do capital

---

[1] Vladímir I. Lênin, *Imperialismo, estágio superior do capitalismo* (São Paulo, Boitempo, 2021), p. 114.

60 • Colonialismo digital

bancário com o industrial, ocorrendo grande concentração de poder industrial nas mãos dos bancos.

Segundo David Fieldhouse[2], a teoria do imperialismo de Lênin se encaixa melhor nos casos dos Estados Unidos e da Alemanha, e o conceito de imperialismo de Hobson, por ser muito menos rigoroso que o de Lênin, aplica-se tanto nesses últimos países quanto na França e na Grã-Bretanha, que não possuíam uma monopolização tão poderosa como os Estados Unidos, mas tinham um grande volume de exportação de capital.

Em seu estudo sobre o funcionamento político e econômico do imperialismo – como forma particular de acumulação de capitais, no período posterior à industrialização –, Rosa Luxemburgo e Nikolai Bukhárin sugerem que a violência sistêmica da colonização, anteriormente observada por Marx, não foi exclusividade do período inicial de desenvolvimento do capitalismo, mas na verdade seguiu atuando, como contraparte necessária, em todos os demais estágios de acumulação, tornando viável, pela violência absoluta nas periferias, a democracia e o direito nos centros capitalistas[3].

Os autores observaram que tanto a industrialização, no fim do século XVIII, quanto a fase imperialista de desenvolvimento capitalista, no fim do século XIX e início do século XX, tiveram nas colônias condições fundamentais de existência. A indústria têxtil britânica não teria existido sem a obtenção de matéria-prima oriunda da produção nas plantações coloniais de algodão, no sul dos Estados Unidos e outras colônias.

Do mesmo modo, a fase imperialista da produção capitalista teria sido inviável sem a obtenção de novos mercados consumidores, fornecedores exclusivos de matéria-prima e superexploração da força de trabalho. A colonização não apenas ampliou os níveis de acumulação de capital nos centros capitalistas, como lhes garantiu válvulas econômicas e sociais de escape para as contradições de classe nas metrópoles. As reivindicações operárias por melhores condições de vida – mas também as altas taxas de lucro durante o fordismo – só puderam ser atendidas por pactos sociais como o *welfare state* porque havia a possibilidade de transferir efetivamente essas condições

---

[2] David. K. Fieldhouse, *Economia e imperio: la expansion de Europa (1830-1914)* (Madri, Siglo Veintiuno, 1977).

[3] Rosa Luxemburgo e Nikolai Bukhárin, *Imperialismo e acumulação de capital* (Lisboa, Edições 70, 1972).

precarizadas (e a violência que lhes é inerente) para as periferias capitalistas – colonizadas ou semicolonizadas.

É nessa conjuntura de plena expansão do capital monopolista pelo globo terrestre – mas também em decorrência dela – que se observa a emergência de um novo e mais eficaz tipo de racismo: o chamado "racismo científico". Antes desse período, a desumanização colonial, quando fundamentada, se dava por meio de elementos religiosos cristãos[4]. No século XIX, porém, quando a burguesia europeia tinha diante de si, de um lado, a superação quase completa da sociabilidade feudal e a consolidação formal do direito burguês – em seus pressupostos de igualdade e liberdade – e, do outro lado, as desigualdades substanciais de classe e gênero criadas pelo capitalismo, e sobretudo a necessidade de novas incursões coloniais em territórios não europeus, o racismo adquire novas funções e dimensões. Ele não mais se vale dos mitos religiosos de Cam/Ham ou similares, mas – como todas as demais relações sociais no século XIX – da ideologia cientificista. Áreas como sociologia, psiquiatria, psicologia, antropologia, anatomia, biologia, direito, entre outras, (res)surgem, sobretudo, como suporte pseudoteórico para fundamentar – isto é, naturalizar – as desigualdades sociais criadas pelo capitalismo na Europa e fora dela. Nasce daí, do capital monopolista e de sua impossibilidade de universalizar substancialmente o direito burguês, o racismo científico e suas variantes, como a frenologia, o darwinismo social, a eugenia, entre outras ideologias que resultaram no nazismo[5], não sem antes justificar as práticas coloniais perpetradas mesmo pelas nações ocidentais que se levantariam geopoliticamente contra a Alemanha nazista.

O sociólogo Paris Yeros[6] argumenta que as colônias foram tão importantes ao capitalismo maduro, sobretudo em sua fase imperialista, que a consolidação do Bloco Soviético, no início do século XX, e posteriormente a avalanche de independências no chamado Terceiro Mundo, após a

---

[4] Ivan Bilheiro, "A legitimação teológica do sistema de escravidão negra no Brasil: congruência com o Estado para uma ideologia escravocrata", *CES Revista*, v. 22, n. 1, abr. 2016, p. 91-101; disponível on-line.

[5] György Lukács, *A destruição da razão* (São Paulo, Instituto Lukács, 2020).

[6] Paris Yeros e Praveen Jha, "Neocolonialismo tardio: capitalismo monopolista em permanente crise", trad. Kenia Cardoso, *Agrarian South: Journal of Political Economy*, v. 9, n. 1, 2020; disponível on-line.

62 • Colonialismo digital

Segunda Guerra Mundial, representaram grandes entraves à reprodução do metabolismo social do capital, acelerando, junto com outros fatores que não cabem aqui, uma crise de superprodução sem precedentes após a década de 1960[7].

---

[7] Concordamos com Yeros e Jha (idem) quando argumentam que "a base colonial dos lucros monopolistas estava colapsando, enquanto o Bloco Soviético se enraizava. Do mesmo modo, a competição monopolista estava se intensificando entre a Tríade (Estados Unidos, Europa e Japão), assim como o trabalho organizado estava entrando em um novo período de agitação [...]. As placas tectônicas estavam se movendo. Para tornar as coisas piores à competição monopolista, havia controles sobre os movimentos do capital e os mercados financeiros. Se, sob níveis existentes de produtividade e lucro, era impossível absorver a produção doméstica e ao mesmo tempo reduzir o Estado de bem-estar social, também era impossível escalar a acumulação primitiva no exterior ou jogar o excedente sobre populações camponesas. De fato, boa parte do Terceiro Mundo estava exercendo controle sobre seus recursos naturais e agrícolas neste momento, em busca de maiores níveis de produção e reprodução via políticas de substituição de importações. Quer se queira ver essa conjuntura como uma nova crise de superprodução ou uma tendência histórica de subconsumo, do ponto de vista do capital foi uma crise de rentabilidade sem histórico equivalente em suas contradições".

5
O NEOCOLONIALISMO E O NEOCOLONIALISMO TARDIO: O CELEIRO DO COLONIALISMO DIGITAL

Mesmo após os processos de independência na África, na Ásia e em alguns lugares da América, ao longo do século XX, ainda subsistiram os fenômenos de dominação colonial. Esse novo e complexo arranjo de poder político, cultural e financeiro próprio à luta de classes no interior dos países então interdependentes foi nomeado pelo pensador ganês Kwame N'Krumah como neocolonialismo[1]. Embora tenham obtido independência formal, algumas ex-colônias continuam dominadas pela antiga metrópole e/ou por outras "neometrópoles", que se utilizam de novas formas de perpetuar a exploração. Um dos elementos importantes da obra de N'Krumah é a dominação cultural, que continua reproduzindo em certas instâncias a velha ladainha colonialista da *mission civilisatrice*.

N'Krumah denunciou que as "burguesias nacionais" dos países africanos que conquistaram a independência seguiram conectadas aos interesses metropolitanos, na contramão das necessidades e aspirações de sua própria população, sem romper com as bases econômicas fundamentadas em trocas desiguais, tal como exigido por aquela fase do imperialismo. Essas prerrogativas incluíam a submissão a uma divisão internacional do trabalho que seguia privilegiando as antigas metrópoles sob o custo de uma hiperexploração das massas desses países recém-independentes.

Em outros lugares do mundo, como foi o caso do Brasil e de alguns países da América Latina, a divisão internacional do trabalho no século XX abriu espaço para um relativo e tardio desenvolvimento industrial.

---

[1] Kwame N'Krumah, *Neocolonialismo: último estágio do imperialismo* (Rio de Janeiro, Civilização Brasileira, 1967).

64 • Colonialismo digital

No entanto, o retardatário desenvolvimento, marcado também por uma relativa substituição das importações e uma limitada transferência de tecnologias, ainda que tivesse como objetivo a exportação "subimperialista" de capitais brasileiros para países menos desenvolvidos, seguiu restrito e subordinado aos interesses dos países centrais, e, internamente, sustentado pela superexploração da força de trabalho[2].

Segundo Mathias Luce, o subimperialismo deve ser entendido como "um nível hierárquico do sistema mundial" e, ao mesmo tempo, "uma etapa do capitalismo dependente (sua etapa superior), a partir da qual algumas formações econômico-sociais convertem-se em novos elos da corrente imperialista", sem, contudo, deixarem de ser economias dependentes. Ainda assim, essas economias não cessam de se apropriar do "valor das nações mais débeis – além de cederem ou transferirem valor para os centros imperialistas"[3]:

> Essas formações econômico-sociais que ascendem à condição subimperial logram deslocar contradições próprias ao capitalismo dependente, de modo a assegurar a reprodução ampliada e mitigar alguns efeitos de dependência mediante formas específicas do padrão de reprodução do capital e uma política de cooperação antagônica com o imperialismo dominante, nas diferentes conjunturas, sem questionar contudo os marcos da dependência, e pleiteando uma autonomia relativa para o Estado subimperial.[4]

Ruy Mauro Marini[5] explicita as contradições da troca desigual e a superexploração da força de trabalho como características da dependência. Uma cooperação antagônica advém de uma autonomia relativa dos países subimperiais perante os imperialistas, e assim vemos que a complexidade da reprodução do capital em seus circuitos mundiais necessita de teorias que pensem não só o centro, mas a periferia. Clóvis Moura ofereceu, a esse respeito, fartas evidências sociológicas de que a luta de classes, no Brasil desse contexto, dependeu umbilicalmente da atualização do

---

[2] Ruy Mauro Marini, "La acumulación capitalista mundial y el subimperialismo", *Cuadernos Políticos*, n. 12, abr.-jun. 1977, p. 20-39; disponível on-line.

[3] Mathias S. Luce, "O subimperialismo, etapa superior do capitalismo dependente", *Crítica Marxista*, n. 36, Campinas, 2013, p. 130; disponível on-line.

[4] Idem.

[5] Ruy Mauro Marini, "Dialética da dependência", em Roberta Traspadini e João Pedro Stedile (orgs.), *Ruy Mauro Marini: vida e obra* (São Paulo, Expressão Popular, 2005).

antigo racismo escravista em uma nova configuração, que chamou de capitalismo dependente[6].

Esses elementos – devidamente considerados no complexo de complexos histórico de disjunção entre produção para as necessidades sociais e a autorreprodução do capital – são incontornáveis e ajudam a compreender não apenas a crise estrutural do sistema sociometabólico capital[7], mas, sobretudo, a intensificação da divisão internacional do trabalho e a consequente distribuição desigual e combinada das possibilidades democráticas que resulta dessa divisão[8].

Como veremos, desenvolvimento desigual e combinado será decisivo para a compreensão do papel das tecnologias informacionais nas transformações do processo produtivo que ocorrerão como resposta a essa crise, em especial nas condições desiguais de produção, difusão e controle que esse aparato assume na sociedade contemporânea. As novas tecnologias de comunicação ocuparam papel fundamental na reestruturação produtiva que emergiu a partir da década de 1970. Com elas, a disputa pelo controle e pelo fluxo de informações adquiriram patamares jamais vistos, viabilizando, de um lado, a aceleração dos tempos de produção de mercadorias e a circulação de capitais e, do outro lado, a intensificação da maximização dos lucros ao possibilitar a usurpação e análise de grande quantidade de dados privados e coletivos de comportamento.

O manejo estatisticamente orientado dos dados passou a permitir a persuasão direcionada a determinadas necessidades de consumo pela simples oferta de plataformas-criadouros que atraem humanos para interagir enquanto revendem seus tempos de engajamento e seus perfis de resposta a determinados estímulos. Essa nova forma de colonização e reificação de almas, porém, não deixa de ser atravessada pelas antigas cisões de raça, classe e gênero que marcaram o desenvolvimento do capitalismo. Aliás, na atual fase de acumulação capitalista, o colonialismo não se resume a uma dimensão metafórica, mas é um elemento econômico fundamental que viabiliza

---

[6] Clóvis Moura, *Sociologia do negro brasileiro* (São Paulo, Perspectiva, 2019).

[7] István Mészáros, *A crise estrutural do capital* (trad. Francisco Raul Cornejo, São Paulo, Boitempo, 2009).

[8] Deivison Faustino, "Os condenados pela Covid-19: uma análise fanoniana das expressões coloniais do genocídio negro no Brasil contemporâneo", *Buala*, 10 jul. 2020; disponível on-line.

66 • Colonialismo digital

a distribuição desigual e combinada das contradições daí advindas entre as nações e os povos do globo terrestre.

Paris Yeros e Praveen Jha se inspiram em Kwame N'Krumah para falar em "neocolonialismo tardio" como elemento fundamental para a consolidação do capitalismo no atual contexto de crise estrutural do capital[9]. A diferença entre o período atual e aquele do pós-guerra, estudado por N'Krumah, é que não há mais territórios ainda inalcançados para transferir as violentas contradições produzidas nos grandes centros capitalistas e em função deles. Além disso, as transições culturais e sociais advindas desse novo contexto redefiniram não apenas os fluxos de capitais – e informações, cada vez mais mercantilizadas –, mas também os de pessoas e culturas, sem, contudo, dissolver as antigas barreiras nacionais, raciais e religiosas.

Neste momento em que as distâncias e os tempos parecem distorcidos pela aceleração da velocidade de rotação do capital, o racismo e a xenofobia se tornam mais importantes do que jamais foram, atuando como critério biopolítico de diferenciação entre quem é e quem não é cidadão, quem é e quem não é nacional, quem está dentro e quem está fora da ética, da política e da estética, quem é humano e quem é matável, mas também quem tem acesso e, sobretudo, controle dos novos meios (informacionais) de validação da própria existência e quem não tem.

Nas palavras de Yeros e Jha, "o colonialismo e o capitalismo monopolista continuam sendo, como diz o provérbio, 'os elefantes no meio da sala', cujo reconhecimento é essencial para entender a crise permanente do sistema capitalista e a natureza de suas contradições"[10]. Sob o eufemismo da globalização, está oculta a violenta expansão imperialista que emprega a mais alta tecnologia bélica, em armamentos usuais ou ciberarmas, em um novo processo de balcanização do mundo através de conflitos de baixa intensidade, guerras sujas, ciberguerras, contrainsurgências em escala mundial. Um "novo" que conserva as velhas premissas do imperialismo e do neocolonialismo, planando sobre "as asas da tecnologia stealth"[11].

---

[9] Paris Yeros e Praveen Jha, "Neocolonialismo tardio: capitalismo monopolista em permanente crise", trad. Kenia Cardoso, *Agrarian South: Journal of Political Economy*, v. 9, n. 1, 2020; disponível on-line.

[10] Idem.

[11] Heinz Dietrich Steffan, "Globalização, educação e democracia na América Latina", em Noam Chomsky e Heinz Dietrich Steffan, *A sociedade global: educação, mercado e*

O impactante livro do jornalista Jeremy Scahill sobre a Blackwater – empresa que em 2007 tinha mais de 500 milhões de dólares em negócios com o governo dos Estados Unidos – demonstra o poder de interpenetração entre o público e o privado e os poderosos lobbies que azeitam a engrenagem do principal centro imperialista do mundo[12].

Um aspecto pouco discutido, mas que não deixa de ser um fenômeno importante, é a ascensão da chamada "estratégia nenúfar" (em inglês, *lily-pad strategy*) por parte do imperialismo estadunidense. A constatação de Lênin segundo a qual o colonialismo era um eixo fundamental da partilha imperialista do mundo é reforçada aqui pelo surgimento de uma geração de bases militares nomeadas como nenúfares[13], pequenas instalações secretas e inacessíveis que abrigam uma quantidade restrita de soldados e armamentos, aguardando o momento oportuno para um ataque-surpresa.

Em todo o mundo, do Djibuti às selvas de Honduras, dos desertos da Mauritânia às minúsculas ilhas Cocos da Austrália, o Pentágono tem procurado erguer nenúfares tanto quanto possível, em tantos países quanto pode, o mais rápido possível. Embora as estatísticas sejam difíceis de obter, dada a natureza muitas vezes secreta dessas bases, o Pentágono provavelmente construiu mais de cinquenta nenúfares e outras pequenas bases desde 2000, enquanto explora a construção de dezenas de outras.[14]

---

democracia (Blumenau, Editora da Furb, 1999), p. 76-7. Propomos atualizar essa máxima do professor Steffan nos seguintes termos: "Hoje os poderes imperialistas atuam sob a forma de *bits*, de código binário, vírus feitos por governos, VANTs (drones) que vigiam com supercâmeras gigapixel e se necessário podem atacar alvos humanos, veículos ou até mesmo prédios, não podemos duvidar que um drone possa carregar dispositivos de destruição em massa ou nukes táticos. Com o escândalo associado a Edward Snowden e a emergência da WikiLeaks, de Julian Assange, o imperialismo demonstrou ter desenvolvido tecnologia e *know-how* em prol do domínio, da espionagem militar, diplomática e industrial e intervenções contra o novo mal que aflige os ocidentais e fermenta os lucros da indústria armamentista, das terceirizações de logística militar (corporação Halliburton) e até de contratação de mercenários (organização Blackwater)". Walter Lippold, "A África de Fanon: atualidade de um pensamento libertário", em José Rivair Macedo (org.), *O pensamento africano no século XXI* (São Paulo, Outras Expressões, 2016), p. 204.

[12] Jeremy Scahill, *Blackwater: a ascensão do exército mercenário mais poderoso do mundo* (São Paulo, Companhia das Letras, 2008).

[13] Na botânica, nenúfares são aquelas plantas como a vitória-régia, que crescem sobre a água parada ou de movimentação lenta. Sobre elas, rãs e sapos predadores repousam discretamente para saltar surpreendentemente sobre suas presas.

[14] David Vine, "La estrategia del nenúfar", *Rebelión*, 18 jul. 2012, tradução nossa; disponível on-line.

68 • Colonialismo digital

Exemplos de distribuição geográfica das bases militares estadunidenses, como esse, reforçam o argumento de Yeros e Jha a respeito da existência contemporânea de um neocolonialismo tardio.

A indústria armamentista, como qualquer indústria, produz mercadorias para a esfera da troca comercial – munições, por exemplo –, e estas, como qualquer mercadoria, devem perecer para ser substituídas por novas. O uso de arsenal pesado só pode se efetivar em guerras abertas, ou de preferência conflitos de "baixa intensidade", onde mercenários de mais de 170 empresas estadunidenses, como a Blackwater, a DynCorp e a Triple Canopy, podem atuar diretamente e/ou dando consultoria[15]. Mas por trás desse assombroso desenvolvimento encontram-se as mesmas lógicas descritas por Lênin ao investigar o imperialismo.

Todo este mundo cindido é ordenado pela violência em estado bruto, violações físicas que mutilam corpos e destroem a psique das novas gerações, ideologias alienantes que despersonalizam, também marcando o corpo, os indivíduos e o inconsciente coletivo. A violência do racismo, da xenofobia, do ódio étnico balcanizado chegou com força nas metrópoles. A hipótese que levantamos é a de que o neocolonialismo tardio oferece as condições propícias para a emergência do colonialismo digital. O colonialismo digital não é, portanto, uma fase posterior ao neocolonialismo tardio, mas sua expressão tecnológica informacional.

---

[15] Jeremy Scahill, *Blackwater*, cit., p. 25.

PARTE II
COLONIALISMO DIGITAL, ACUMULAÇÃO PRIMITIVA DE DADOS E A PSICOPOLÍTICA

6
A FABRICALIZAÇÃO DA CIDADE E AS BASES
EXTRATIVISTAS DO COLONIALISMO DIGITAL

*"Os dados são a primeira e maior fonte de valor. Depois as máquinas
processam o algoritmo em modelo estatístico. A seguir os dados
aparecem nas suas prateleiras como inteligência artificial (IA). Já sob
a forma de padrões, os dados são vendidos com capacidade de prever o
comportamento das pessoas, potencialidades de consumo (até induzido
como imaginário) e de manipulação política em disputas de poder de
uma falsificada democracia."*

Roberto Moraes, "Breve síntese para entender a dominação
digital e as batalhas eleitorais cibernéticas"

O colonialismo digital não é mera metáfora ou discurso de poder,
mas um dos traços objetivos do atual estágio de desenvolvimento do
modo de produção capitalista. Para o sociólogo sul-africano Michael
Kwet, trata-se do uso da tecnologia digital para a dominação política,
econômica e social de outra nação ou território. Se o colonialismo clássico era baseado na ocupação de terras estrangeiras para a instalação de
infraestruturas (militares, de transporte e administrativas), apropriação
e expropriação de recursos, controle do território e da infraestrutura,
extração violenta de trabalho, conhecimento e mercadorias e exercício
do poder estatal a fim de viabilizar a pilhagem de determinado território,
no atual colonialismo digital

> as "veias abertas" do Sul global de Eduardo Galeano são as "veias digi-
> tais" que cruzam os oceanos, que conectam um ecossistema tecnológico
> de propriedade e controlado por um punhado de corporações baseadas
> principalmente nos Estados Unidos. Alguns dos cabos de fibra óptica
> transoceânicos são equipados com fios de propriedade ou alugados por
> empresas como Google e Facebook para promover sua extração e monopo-
> lização de dados. O maquinário pesado de hoje são os *farms* de servidores

72 • Colonialismo digital

em nuvem dominados pela Amazon e pela Microsoft que são usados para armazenar, agrupar e processar big data, proliferando como bases militares para o império estadunidense.[1]

E segue a explicação oferecida pelo autor:

Os engenheiros são os exércitos corporativos de programadores de elite com salários anuais generosos de 250 mil dólares ou mais. Os trabalhadores explorados são as pessoas de cor extraindo minerais no Congo e na América Latina, os exércitos de mão de obra barata anotando dados de inteligência artificial na China e na África e os trabalhadores asiáticos que sofrem de estresse pós-traumático depois de retirar conteúdo perturbador de plataformas de mídia social.[2]

As chamadas big techs – grandes corporações do ramo da tecnologia digital – representam um dos elos fundamentais do atual estágio de acumulação capitalista. Juntas, as corporações do vale do Silício valem mais de 10 trilhões de dólares. Das dez empresas mais valiosas do mundo, somente duas (Aramco e Hathaway) não atuam direta ou indiretamente no ramo da indústria digital[3]. Só as chamadas Big Five (Apple, Amazon, Alphabet, Microsoft e Facebook) somaram quase 900 bilhões em receita em 2019. Esse faturamento, em 2021, cresceu 25% em relação ao período anterior à pandemia[4] e, curiosamente, entrou em crise logo após o fim das restrições à circulação de seres humanos pelo globo, levando o mercado digital a uma notável desaceleração de investimentos e volumosas demissões. Estima-se que somente nos Estados Unidos mais de 90 mil infofuncionários tenham sido demitidos no ano 2022[5].

---

[1] Michael Kwet, "Digital Colonialism: The Evolution of US Empire", *Transnational Institute (TNI)*, 4 mar. 2021; disponível on-line. Tradução nossa.

[2] Idem.

[3] Segundo dados levantados pela Consultoria CB Insights, a receita das big techs em 2019 distribuiu-se da seguinte forma: Apple – US$ 2,8 trilhões; Microsoft – US$ 2,2 trilhões; Aramco (petróleo) – US$ 2 trilhões; Alphabet – US$ 1,8 trilhão; Amazon – US$ 1,6 trilhão; Tesla – US$ 905,7 bilhões; Berkshire Hathaway (seguros) – US$ 700,6 bilhões; Nvidia – US$ 613 bilhões; TSMC – US$ 600,3 bilhões; e Tencent – US$ 589,8 bilhões.

[4] Igor Shimabukuro, "Receitas das big techs disparam em virtude da pandemia do coronavírus", *Olhar digital*, 17 maio 2021; disponível on-line.

[5] Rosália Vasconcelos, "Big techs em crise: por que demissões devem continuar em 2023", *Tilt UOL*, 14 dez. 2022; disponível on-line.

A fabricalização da cidade e as bases extrativistas do colonialismo digital • 73

O que chama atenção, no entanto, não é o assombroso montante de recursos que essas empresas movimentam, mas sim as formas pelas quais se dão seus processos de apropriação e valorização. Em primeiro lugar, estamos diante de uma tendente monopolização de setores estratégicos do ramo, a partir do controle da produção de aplicativos e serviços em nuvem, de produtos e acúmulo de dados e outros serviços singulares. Em segundo lugar, como veremos neste e no próximo capítulo, essa monopolização não rompe, e sim intensifica e diversifica, a um patamar jamais visto, as formas de apropriação do tempo de trabalho para as finalidades de acumulação de capitais.

Em um estudo seminal, Terezinha Ferrari[6] analisou as transformações técnicas, econômicas, sociais e ideológicas provocadas pela introdução da informática, das telecomunicações e da robótica nos processos produtivos capitalistas no que ficou conhecido como Indústria 3.0. Constatou que essa introdução permitiu, de uma só vez, 1) o "enxugamento" das unidades fabris a partir da expulsão de milhares de trabalhadores de seus postos e 2) o controle logístico e a busca pela sincronização dos tempos sociais e espaços urbanos ocupados pela esfera da circulação de mercadorias.

Essas alterações, brilhantemente nomeadas por ela "fabricalização da cidade", tiveram efeitos substantivos sobre a luta de classes e sobre o conjunto complexo das relações sociais – sobretudo, mas não apenas, urbanas – ao permitirem ao capital apropriar-se do tempo livre do trabalhador e, ao mesmo tempo, maquiar essa alienação ao inseri-lo – inclusive em seu tempo livre e/ou desempregado – na expropriação de tempo de trabalho excedente que caracteriza o processo de valorização do capital.

> Quantidades cada vez maiores de seres humanos, das mais diversas formas, ligam-se aos fluxos de valor por períodos e fatias de tempo, grandes ou pequenas. Pensa-se e trabalha-se para o capital mesmo em horas do dia que, anteriormente, não eram dedicadas a isso: em casa (negando concretamente a esfera privada, solucionam-se problemas da produção), no período do deslocamento de casa para a fábrica (trabalhadores sonolentos ouvem barulhentas e insistentes recomendações sobre segurança no trabalho). Reproduz-se o mundo estranhado do capital, a qualquer momento, onde se estiver conectado com a internet, ou qualquer um que dispuser de um telefone celular (de madrugada ou durante um fim de semana,

---

6 Terezinha Ferrari, *Fabricalização da cidade e ideologia da circulação* (São Paulo, Outras Expressões, 2012).

74 • Colonialismo digital

de férias ou não). Consuma-se esta reprodução mesmo entre aqueles que não estão empregados, pois estão empenhados na construção de sua empregabilidade ou na procura de nichos de mercado para a instalação de empreendimentos mercantis.[7]

O que Ferrari constatou foi que as atividades logísticas se hipertrofiaram devido às "novas" necessidades de produção e circulação capitalista. O *just in time*[8] foi a máxima desse processo que *fabricalizou* o espaço público urbano e rural ao transformar suas vias de circulação em grandes esteiras produtivas de forma a viabilizar a apropriação do valor em uma nova escala. Para que o Mercado Livre ou a Amazon, por exemplo, possam entregar suas mercadorias em curto tempo, estas precisam, em primeiro lugar, ser produzidas fisicamente – pelos já conhecidos processos de exploração de trabalho –, mas, em segundo lugar, precisam estar "disponíveis", em tempo e quantidade, o mais próximo possível dos potenciais compradores.

Para viabilizar esse truque, os antigos estoques fordistas foram relativamente substituídos pelo movimento, quase contínuo, dessas mercadorias nas esteiras urbanas. Eles chegam "rápido" porque já estavam circulando "próximos" de nós ou de alguma via que permitia que fossem enviados *just in time* a qualquer parte do mundo. Justo no tempo e no espaço, porque o desenvolvimento tecnológico informacional permitiu o monitoramento, a previsão e até a predição, com um grau cada vez menor de erro, das tendências de consumo em cada região.

A uberização do trabalho, por exemplo, intensificou os efeitos da fabricalização a patamares inéditos ao permitir, na economia de compartilhamento (*sharing economy*), a disponibilidade *just in time* de outra mercadoria fundamental à valorização do valor: a força de trabalho. Óbvio também, como

---

[7] Ibidem, p. 89.

[8] Ferrari nomeia como *just in time* a introdução, no processo produtivo, de "um conjunto de meios técnicos de racionalização matematizada, sincronização de tempos de trabalho e fluxos de mercadorias entre trabalhadores distribuídos por diversas unidades produtivas e por extensos territórios". Ibidem, p. 19. Essas técnicas, como argumenta, exerceram forte pressão sobre a lógica de organização urbana, produzindo cidades fabricalizadas. "As cidades *just in time*, cidades-estoque – ou 'cidades-negócio' como identifica Otília Arantes –, ao invés de serem valor de uso de seus habitantes, são oferecidas como mercadorias contendo valor de troca disponível, desregulamentadas, ou regulamentadas adequadamente, para uso no processo de valorização do capital." Ibidem, p. 30.

A fabricalização da cidade e as bases extrativistas do colonialismo digital • 75

destaca Ferrari[9], que o desenvolvimento tecnológico informacional permitiu ao capital a ampliação astronômica do grau de previsibilidade de *quando*, *onde* e *por quem* determinado produto será comprado. Mas as possibilidades de exploração que se abriram com a *sharing economy* não param aí[10].

O posterior desenvolvimento das tecnologias digitais no interior da assim chamada Indústria 4.0 redefiniu, novamente, a luta de classes, ao complexificar qualitativamente – sem, contudo, superar – os processos de dominação econômica, política, social e racial de determinados territórios, grupos ou países. Tomemos como exemplo a principal fonte de receita da Amazon[11].

Fundada em 1994 como empresa de varejo, a Amazon foi se convertendo – especialmente a partir do lançamento do Amazon Web Services (AWS)[12], em 2004 – em uma plataforma mundial de computação em nuvem sob demanda, entrelaçada a um ecossistema de vendedores, desenvolvedores, empresas e criadores de conteúdo. Atualmente, o segmento que mais contribui para os lucros da empresa não é o varejo físico ou on-line, e sim o AWS, ou seja, a captação e venda de dados sigilosos ou públicos dos usuários de suas plataformas a qualquer cliente que possa pagar por eles.

É possível observar nos dados disponibilizados pela empresa que o AWS é o segmento que mais cresce em sua receita líquida, com uma participação de 12,5% (o que equivale a 35 bilhões de dólares). Ao mesmo tempo, seu lucro operacional contribui com mais de 9,2 bilhões de dólares, ou seja, em torno de 63% da receita operacional total da Amazon é obtida pelo serviço de computação em nuvens[13], e não pela disponibilidade logística de seus produtos físicos ou digitais.

---

[9] Idem.

[10] Ver os diversos exemplos de precarização de trabalho estudados por Tom Slee, *Uberização: a nova onda do trabalho precarizado* (São Paulo, Elefante, 2017).

[11] O valor de mercado da Amazon passa de 1,6 trilhão de dólares. O volume de negócios da empresa bateu 137,4 bilhões em 2021, chegando a dobrar seu lucro para 14,3 bilhões no quarto trimestre do mesmo ano. Ver AFP, "Amazon dobra seu lucro para US$ 14,3 bi no quarto trimestre de 2021", *IstoÉ Dinheiro*, 3 fev. 2022; disponível on-line.

[12] Segundo o Relatório Anual de Gestão da empresa, "o segmento AWS consiste em valores ganhos com as vendas globais de computação, armazenamento, banco de dados e outras ofertas de serviços para startups, empresas, agências governamentais e instituições acadêmicas". Amazon, *Amazon Annual Report*, 2019, p. 67; disponível on-line.

[13] Idem.

76 • Colonialismo digital

Esse achado não se contrapõe às descobertas de Ferrari, mas amplia sua abrangência e sua força, pois indica que, contraditoriamente, a fabricalização está avançando da esfera civil para a privada, sem, contudo, se perder em sua missão de viabilizar a intensificação da apropriação dos tempos de trabalho, agora não apenas na esfera da circulação, mas também na esfera do consumo. Voltaremos a esse aspecto no próximo capítulo. Antes, porém, sigamos observando os desdobramentos do colonialismo digital na geopolítica mundial.

A Tesla foi outra empresa que viu seu valor de mercado avançar durante a pandemia: foram mais de 300% de crescimento. Em meados de 2020, Elon Musk usou a seguinte frase para responder em seu Twitter a uma crítica que o associava ao golpe orquestrado pelos Estados Unidos contra o presidente boliviano Evo Morales: "Vamos dar golpe em quem quisermos! Lide com isso". A Bolívia é detentora da maior reserva de lítio do mundo, matéria-prima fundamental para a produção de baterias da Tesla.

O passo seguinte do excêntrico multimilionário foi comprar o Twitter por 44 bilhões de dólares, causando grande preocupação quanto às intenções para com as políticas de moderação e transparência. O contexto atual de emprego da tecnologia na reprodução capitalista impõe alguns desafios teóricos e metodológicos quando se busca investigar o que é novo e o que se mantém das expressões de exploração e dominação anteriores. Os monopólios, estudados em detalhes por Lênin em sua teoria do imperialismo, são predadores incorrigíveis ao desmantelarem capitais menores e se apropriarem deles a partir de práticas de mercado nada leais à tão adorada concorrência.

Lênin também alertou para a tendência de financeirização da economia capitalista a partir de uma fusão imoral entre o capital industrial e o capital bancário. Lembremos que no imperialismo o *capital financeiro* não substitui nem supera o *capital industrial*, mas o articula em novas bases, redefinindo a concorrência capitalista mundial ao permitir a conformação de grandes monopólios com poder e alcance global. Tratava-se, segundo ele, de um novo estágio de desenvolvimento capitalista, diferente daquele que havia constituído a Revolução Industrial.

Ao que tudo indica, a recente eclosão das big techs apresenta novidades a esse processo de exploração e apropriação do valor: o enlace entre o mundo da tecnologia e o mundo das finanças – o que não é, em si, uma novidade desde o início do capitalismo – ganha novas expressões a partir de dada articulação entre datificação, financeirização e neoliberalismo que eleva as big techs à condição de espinhas dorsais (*backbones*) das inovações financeiras, constituindo uma espécie de "teia de aranha digital-financeira"[14], nos dizeres do engenheiro Roberto Moraes. Conforme ele explica,

a Microsoft, que está próximo de passar a Apple na liderança de valor de mercado entre as big techs, rumo aos 3 trilhões de dólares, divulga que a maioria das grandes empresas do Ocidente, de vários setores da economia, depende do seu "Workspace" para continuar operando, existindo e capturando valor da economia real. É aí que as big techs encontram ponto de tangência para se imbricar à economia real no e-commerce, Indústria 4.0, indústria das informações e mídia e também nos bancos digitais-fintechs, moedas digitais, tokenização (divisão de propriedades com uso de metadados e registros no blockchain) etc.[15]

Mas as inovações não se encerram aí. Embora o desenvolvimento das forças produtivas represente, efetivamente, a ampliação das capacidades humanas em seu trajeto não linear e complexo de afastamento das capacidades naturais, a inversão produtiva operada pela necessidade de valorização do valor faz, no atual estágio de acumulação capitalista, que as forças produtivas se apresentem, cada vez mais, como aquilo que Mészáros descreveu como forças destrutivas[16], acentuando a submissão da vida a um tempo estranhado e violento sob o qual parece termos perdido o controle[17]. Inovações como o metaverso, anunciado pelo Facebook (atual Meta), mas também estudado por Microsoft, Google, Amazon e Tesla, não são pensadas para serem simples produtos a disputar o mercado de entretenimento virtual, mas o resultado de uma corrida cujo pódio é o direcionamento, a canalização e o controle dos fluxos financeiros. Uma corrida que pressupõe, assim como no velho imperialismo, a disputa pelo controle de determinados nichos de mercado, mas, sobretudo, pelo controle político, econômico e ideológico de determinados territórios e insumos estratégicos.

No imperialismo, não era possível aos grandes conglomerados renunciar aos Estados nacionais e, sobretudo, a sua soberania e tirania geopolítica. Esse

---

[14] Roberto Moraes, "Big techs: teia de aranha digital-financeira entra em novo patamar de acumulação e controle sobre o mundo real e o poder", *Blog do Moraes*, 8 nov. 2021; disponível on-line.

[15] Idem.

[16] István Mészáros, *Produção destrutiva e Estado capitalista* (São Paulo, Ensaio, 1989).

[17] Moishe Postone, *Tempo, trabalho e dominação social: uma reinterpretação da teoria crítica de Marx* (São Paulo, Boitempo, 2014).

78 • Colonialismo digital

traço, hoje, não apenas permanece, como é agravado por novas tecnologias de espionagem, golpes de Estado, controle social e morte. Mas há aqui uma tendência à privatização de algumas dessas funções que passa a ocorrer em paralelo ou até em disputa com os aparelhos estatais.

Não se trata, como previram Michael Hardt e Antonio Negri em *Império*[18], de uma derrota do Estado capitalista pelas grandes empresas transnacionais, mas sim de uma nova modalidade de coabitação promíscua entre eles. Como explica Moraes, a dominação tecnológica subtraiu do Estado "o poder de monopólio não apenas de emissão de moedas e meios de circulação, mas de registro de fluxos de negócios e de garantia, que antes só o Estado exercia"[19].

Ao mesmo tempo, em todo o mundo, observa-se uma mineração de dados, metadados e biodados vitais dos cidadãos para aproveitamento privado das big techs do vale do Silício. Dados sigilosos dos sistemas de saúde, educacional e de justiça têm sido sistematicamente sugados pelos grandes monopólios informacionais[20].

Estamos diante de um verdadeiro saque milionário de informações transformadas em ativos econômicos, perpetrado por corporações imperialistas que extraem, armazenam e processam dados, *expertise* e padrões sociais, quantificando parte fundamental de nossa vida para melhor mercantilizá-la. Trata-se, como veremos no próximo capítulo, de uma *acumulação primitiva de dados*. Ao mesmo tempo, observa-se, no mundo todo, uma tendência à colonização, ou melhor, à subsunção da vida cotidiana e de seus processos cognitivos ao universo digital. É um passo largo, aparentemente sem volta, em direção a uma ciborguização objetificada e mercantilizada de nossa experiência e de nosso senso de realidade. É oportuno, nesta altura, comentarmos as propostas atuais de uma Indústria 5.0. A proposição surgiu dos debates em torno do 5º Plano Básico de Ciência e Tecnologia do governo japonês, em 2016. Segundo seus formuladores, esse arranjo socioprodutivo representaria uma fase mais sofisticada que a Indústria 4.0, pautada pela automatização e pelo aprendizado de máquinas. A Indústria 5.0, na verdade, nos levaria a um modelo social mais avançado – a Sociedade 5.0 –, voltado à qualidade

---

[18] Michael Hardt e Antonio Negri, *Império* (trad. Berilo Vargas, Rio de Janeiro, Record, 2001).

[19] Roberto Moraes, "Big techs", cit.

[20] Sérgio Amadeu da Silveira, "Existe um colonialismo de dados?", *Tecnopolítica*, podcast, 31 ago. 2020; disponível on-line.

de vida da sociedade por meio da integração entre o ambiente físico e o ciberespaço em uma espécie de *welfare state* sociocibernético. Conforme explica Shinozawa Yasuo, diretor de planejamento do Departamento de Ciência, Tecnologia e Inovação do Japão, a proposta "envolve uma reconciliação entre crescimento econômico e resolução de problemas sociais, voltando os olhos para o ser humano e uma sociedade inclusiva"[21].

Resta lembrar, com Marx[22] e Fanon[23], que a exploração pela extração de trabalho excedente é uma tendência inexorável do modo de produção capitalista, inclusive em seus polos mais desenvolvidos. Isso significa que, enquanto vigorar o capitalismo, a tendência histórica é que ou essa reintegração do humano aos fluxos automatizados intensifique ainda mais a automatização estranhada da vida ou, na melhor das hipóteses, como se viu no caso do *welfare state*, essa contratendência supostamente humanizadora seja viável em alguns centros capitalistas na exata medida em que ela for negada e inviável nas periferias do capital, ainda pautadas, como veremos, por uma combinação nefasta entre o desenvolvimento exógeno das forças produtivas e as velhas formas de expropriação e apropriação do valor próprias da acumulação primitiva de capitais. Observemos.

O fato é que há algo de universal nessa tendência – jamais concluída completamente – de mercantilização da vida. No entanto, como tudo no capitalismo, essa universalidade se apresenta mediada pelas particularidades do desenvolvimento desigual e combinado. Se o desenvolvimento das tecnologias da informação permitiu a milhões de alunos assistirem às aulas em casa, em segurança, durante a pandemia, dados do observatório Brasil Digital revelam que 4,1 milhões de estudantes não conseguiram participar das aulas virtuais por falta de infraestrutura adequada em um país como o Brasil[24]. O estudo ainda evidencia uma intensa desigualdade regional, de classe e racial de acesso entre os estudantes que conseguiram assistir às aulas.

---

[21] Shinozawa Yasuo, citado em Célio Yano, "Apostando no conceito de sociedade 5.0, Japão quer assumir liderança da transformação mundial", *Gazeta do Povo*, 16 dez. 2022; disponível on-line.

[22] Karl Marx, *O capital. Crítica da economia política*, Livro I: *O processo de produção do capital* (trad. Rubens Enderle, São Paulo, Boitempo, 2013, coleção Marx-Engels).

[23] Frantz Fanon, *Os condenados da terra* (trad. Enilce Rocha e Lucy Magalhães, Juiz de Fora, Editora UFJF, 2005).

[24] Ver "Pesquisa do IBGE revela que 4,1 milhões de estudantes da rede pública não têm acesso à internet", *Brasil, País Digital*, 27 abr. 2021; disponível on-line.

80 • Colonialismo digital

A pergunta que precisa ser respondida a essa altura é: o que, de fato, é o colonialismo digital e, sobretudo, quais são suas implicações para a dinâmica da luta de classes contemporânea? Como já foi afirmado, o colonialismo digital não é metáfora, figura de linguagem nem, muito menos, dispositivo autônomo de dominação imaterial. É sim, pois, expressão objetiva (e subjetiva) da composição orgânica do capital em seu atual estágio de desenvolvimento e se materializa a partir da dominação econômica, política, social e racial de determinados territórios, grupos ou países, por meio das tecnologias digitais.

Como nos lembra a jurista guatemalteca Renata Pinto,

> As tecnologias da informação e da comunicação (TIC), a inovação da inteligência artificial e a capacidade de rapidamente implantar sistemas e infraestrutura nos mercados emergentes estão concentradas em apenas alguns países, que agora estão engajados em uma corrida para atingirem a liderança.[25]

Sua existência pode ser pensada a partir de dois elementos intercambiáveis: a nova partilha territorial do mundo e o colonialismo de dados[26]. Ao estudar o imperialismo, Lênin[27] constatou que as colônias assumem uma função fundamental naquilo que nomeou como "partilha do mundo" pelas grandes potências monopolistas e Estados nacionais hegemônicos. Passado mais de um século desse diagnóstico, e sobretudo tendo assistido à emergência do neocolonialismo[28] e do neocolonialismo tardio[29], é possível observar uma relativa inversão na relação entre os monopólios e os Estados nacionais. Nem os Estados nacionais desapareceram ou se fundiram em um único e metafísico império, nem as chamadas corporações sobreviveriam sem seu

---

[25] Renata Avila Pinto, "Digital Sovereignty or Digital Colonialism? New Tensions of Privacy, Security and National Policies", trad. Fernando Sciré, *SUR*, n. 27, 2018; disponível on-line.

[26] Este segundo elemento do colonialismo digital será abordado em detalhes no capítulo a seguir.

[27] Vladímir I. Lênin, *Imperialismo, estágio superior do capitalismo* (São Paulo, Boitempo, 2021).

[28] Kwame N'Krumah, *Neocolonialismo: último estágio do imperialismo* (Rio de Janeiro, Civilização Brasileira, 1967).

[29] Paris Yeros e Praveen Jha, "Neocolonialismo tardio: capitalismo monopolista em permanente crise", trad. Kenia Cardoso, *Agrarian South: Journal of Political Economy*, v. 9, n. 1, 2020; disponível on-line.

A fabricalização da cidade e as bases extrativistas do colonialismo digital • 81

apoio regulatório e, sobretudo, bélico. Mas é fato que a internacionalização de capitais encontrou caminhos (relativamente) mais autônomos para se realizar a partir de um processo de crescente privatização do poder e da soberania. Privatização esta que lembra muito a "gloriosa" ascensão da Holanda no tráfico internacional de escravizados a partir da introdução de uma lógica muito mais empresarial que governamental, como era o caso do tráfico português e espanhol. Essa guinada deu a liderança da acumulação mercantil de capitais à Holanda e acelerou o processo de industrialização do país. No caso aqui estudado, o colonialismo segue tendo nos Estados e nas fronteiras nacionais seu esteio, mas goza de uma liberdade muito maior que a observada no século anterior.

O colonialismo digital se expressa por uma nova partilha do globo terrestre entre os grandes monopólios da indústria da informação, cujas empresas, por vezes, chegam antes dos Estados. O que não significa que possam renunciar a eles e, sobretudo, à disputa por seu controle. Os golpes de estado na Líbia, no Brasil e na Bolívia, bem como as guerras na Síria, no Afeganistão e na Ucrânia – para tomar alguns exemplos em que as tecnologias da informação foram fundamentais –, não nos permitem ignorar a importância dos Estados nacionais.

No entanto, o que se vê neste contexto de neocolonialismo tardio é uma partilha do mundo que atualiza o imperialismo e o subimperialismo, ao reduzir o chamado Sul global a mero território de mineração extrativista de dados informacionais. O vertiginoso desenvolvimento da tecnologia teve como condição e resultado o aprofundamento da divisão internacional do trabalho a partir de uma distribuição desigual e combinada do acesso aos benefícios do desenvolvimento tecnológico informacional, exatamente no momento em que ele vai se convertendo em mediação social essencial para as condições biológicas de reprodução do ser humano.

Há um intenso debate a respeito da natureza dos dados. Em maio de 2017, o jornal *The Economist* publicou um artigo com o título "O recurso mais valioso do mundo não é mais o petróleo, e sim os dados"[30]. O artigo, baseado em uma coluna do matemático londrino Clive Humby[31], foi escrito para alertar "o mercado", ou melhor, seus agenciadores, sobre este filão,

---

[30] "The World's Most Valuable Resource Is No Longer Oil, but Data", *The Economist*, 6 maio 2017; disponível on-line.

[31] Clive Humby, "Data Is the New Oil", 2006; disponível on-line.

mas também para clamar por alguma regulação que evitasse a formação de novos trustes que levassem ao monopólio no acesso aos dados, considerado uma commodity. Posteriormente, diversos estudiosos reagiram ao artigo contestando ou mesmo refutando a comparação e, sobretudo, a classificação dos dados como uma commodity[32].

Independentemente das posições assumidas no debate, há um consenso em relação ao valor elevado dos dados quando comparado ao velho e valioso "ouro negro". O ponto que se quer destacar aqui é o de que esse novo ativo tem movimentado os setores mais dinâmicos do capital, mas as disputas por sua extração seguem os antigos padrões coloniais monopolistas. Trata-se, de um lado, de novas disputas por obtenção, controle e análise de dados, coletados com ou sem o consentimento de seus produtores pelas grandes corporações, e, do outro lado, da velha disputa neocolonial pelos recursos materiais necessários à produção e reprodução do big data.

A grande questão que não se pode perder de vista é a de que esse novo extrativismo não dilui, mas intensifica os efeitos do neocolonialismo tardio (e é intensificado por ele), ampliando ainda mais os antigos fossos criados pela divisão internacional do trabalho.

A jurista Renata Pinto argumenta que esse grande capital – muitas vezes marcado pela fusão do setor público e do privado em *joint ventures* com vistas à dominação global – é caracterizado pela grande concentração (mais uma vez, monopolista) de alguns elementos ausentes nas economias em desenvolvimento, como: 1) Os recursos de capital (propriedade e controle de cabos, servidores e dados) e os recursos intelectuais (técnicos e institui-ções de pesquisa mais avançados); 2) Uma arquitetura jurídica nacional e internacional que limita a capacidade de inovação dos países em desenvol-vimento (como o sistema de patentes e direitos autorais, por exemplo); e 3) A disponibilidade de capital financeiro para investir em pesquisa pesada de desenvolvimento ou, sobretudo, explorar as formas inovadoras que emergem nesses contextos.

É possível comparar a distribuição mundial de fibra óptica com a expansão imperialista das linhas ferroviárias, no século XIX. Nos dois casos,

---

[32] Ver os casos de Erik F. Nybo, "As empresas de tecnologia não estão eliminando os intermediários: elas se tornaram o intermediário", *Startupi*, 27 out. 2020; disponível on-line; e de Michel Kershner, "Data Isn't the New Oil – Time Is", *Forbes*, 15 jul. 2021; disponível on-line.

a exportação de capitais que viabilizou tal monta só foi possível mediante a partilha colonial do mundo de forma a inserir de maneira subordinada os territórios colonizados ou recém-independentes na economia mundial. Não se tratou de uma transferência horizontal de tecnologia – desenvolvida, inclusive, a partir das matérias-primas e do trabalho excedente extraídos e apropriados desses territórios –, mas de uma expansão da malha de comunicação que permitiu converter os povos, o *resto do mundo*[33], em fornecedores de matéria-prima bruta e, ao mesmo tempo, em consumidores de bens manufaturados.

Diante desse quadro, mais uma vez, os países do Terceiro Mundo e as chamadas populações off-line resumem-se a territórios abertos, tanto à exploração de dados quanto à exportação de tecnologias. Assim como antes, mas sob novas bases tecnológicas, esses territórios são disputados não apenas a partir da introdução de seus produtos, mas, sobretudo, pela influência direta e indireta sobre a forma que os governos e a política local operam através da coleta e monitoramento de dados e identificação de padrões[34].

Caso os governos não cooperem com seus interesses, as big techs dispõem de meios para influenciar eleições e acontecimentos políticos, moldando padrões globais que sirvam a seus modelos de negócios. O famoso escândalo da Cambridge Analytica na eleição presidencial dos Estados Unidos, quando a corporação usou dados obtidos do Facebook, é só a ponta de um *iceberg* que se apresenta como desafio às democracias burguesas contemporâneas[35].

Outro trágico exemplo foi a política do governo Bolsonaro diante da "guerra comercial" entre Estados Unidos e China em torno das tecnologias do chamado 5G, em que o Brasil não tem protagonismo, exceto na escolha dos novos "colonizadores digitais". Como afirmam Patrícia Maurício e outros:

> O Brasil tem um imenso mercado consumidor, no entanto, a disputa pela hegemonia da internet das coisas (IoT) guarda semelhanças com o pacto colonial em que o país exportava matéria-prima e importava produtos

---

[33] Sobre a polarização entre o Ocidente e o resto do mundo, ver o provocante artigo de Stuart Hall, "The West and the Rest: Discourse and Power", em Stuart Hall e Bram Gieben (orgs.), *Formations of Modernity* (Londres, Polity, 1992).

[34] Renata Avila Pinto, "Digital Sovereignty or Digital Colonialism?", cit.

[35] Artur Ituassu et al., "Campanhas online e democracia: as mídias digitais nas eleições de 2016 nos Estados Unidos e 2018 no Brasil", em Pedro Chapaval Pimentel e Ricardo Tesseroli (orgs.), *O Brasil vai às urnas: as campanhas para presidente na TV e internet* (Londrina, Syntagma, 2019).

manufaturados. Se na época do Brasil colônia víamos sair do país cana-de-
-açúcar e metais preciosos, agora o que se fornecem são milhões de "nativos"
dependentes desses "manufaturados pós-modernos". Estados Unidos e China
são "colonizadores digitais". Em vez de desbravarem mares turbulentos e
desconhecidos com bússolas e astrolábios, os novos colonizadores navegam
com aplicativos de última geração, que fornecem aos colonizados a oportunidade do consumo e a sensação de pertencimento a uma aldeia hipercо-
nectada. Essa aldeia hiperconectada forma também uma Ágora Digital, um
espaço que pode ser definido como o da vida social, em que são realizados
em várias arenas debates sobre os mais diversos objetos de interesse.[36]

Julian Assange[37] alertou para os perigos em termos de espionagem política e industrial por parte do Google, que está totalmente alinhada com
os interesses imperialistas estadunidenses. As denúncias feitas por Edward
Snowden deveriam ter aberto os olhos dos brasileiros e do mundo para a
ingerência do imperialismo na produção de petróleo nacional e até mesmo
no *lawfare* que derrubou Dilma Rousseff. O ex-juiz Sérgio Moro obteve
formação nos Estados Unidos e acesso a informações oriundas de espionagem
via NSA (Agência Nacional de Segurança dos Estados Unidos). O lavaja-
tismo destruiu o capitalismo nacional e adequou os interesses geopolíticos
aos ditames da política exterior dos Estados Unidos, além de tirar Lula da
eleição de 2018 por meio de sua prisão.

Assange teve uma conversa com os poderosos do Google, Eric Schmidt e
Jared Cohen, que buscavam informações acerca da tecnologia do WikiLeaks
para escrever um livro. A conversa foi gravada por Assange e com base nela
se produziu um dos documentos mais importantes para analisar a corporação estadunidense[38]. Jared Cohen hoje é presidente de assuntos globais do
Goldman Sachs, mas até 2022 era o chefão da Jigsaw (antiga Google Ideas),
o *think tank* do Google, além de ter atuado como funcionário do Departamento de Estado estadunidense e como conselheiro das ex-secretárias de
Estado Condoleezza Rice e Hillary Clinton. Em 2009, na Bagdá ocupada,

---

[36] Patrícia Mauricio et al., "Colonialismo digital à vista na guerra fria comercial entre
EUA e China: o caso Huawei", *Intercom – Sociedade Brasileira de Estudos Interdis-
ciplinares da Comunicação*, 42º Congresso Brasileiro de Ciências da Comunicação,
Belém, set. 2019; disponível on-line.

[37] Julian Assange, *WikiLeaks: quando o Google encontrou o WikiLeaks* (trad. Cristina
Yamagami, São Paulo, Boitempo, 2015).

[38] Idem.

A fabricalização da cidade e as bases extrativistas do colonialismo digital • 85

em ruínas, ele e Eric Schmidt se encontravam e projetavam a dominação tecnológica como instrumento de poder.

Schmidt foi CEO do Google entre 2001 e 2011 e entre 2015 e 2018 presidiu a holding Alphabet Inc., da qual o Google faz parte. Oriundo da empresa de software Novell, também esteve envolvido com organizações que atuam como fábricas de influência imperialistas, como a New America Foundation[39], financiada pelo próprio Google, pelo Departamento de Estado estadunidense, pela Usaid, pela Fundação Bill & Melinda Gates e pela Radio Free Asia[40].

A ideologia de uma "superpotência benevolente" dissimula por completo a dominação imperialista pensada conscientemente pelos todo-poderosos dirigentes do Google, um upgrade da *mission civilisatrice*, um controle pervasivo efetuado com uma tecnologia de poder inteligente que explora a liberdade e nos faz reféns e agentes do imperialismo em nossa própria nação. "O Google é diferente. O Google é visionário. O Google é o futuro. O Google é mais que uma empresa. O Google retribui à comunidade. O Google é uma força do bem."[41]

Em 2012, o Google entrou para a lista dos lobistas que mais gastam em Washington – uma lista que em geral é povoada exclusivamente pela Câmara de Comércio dos Estados Unidos, fornecedores das Forças Armadas e os leviatãs do petróleo e do gás natural. O Google entrou para o ranking acima da gigante militar aeroespacial Lockheed Martin, com 18,2 milhões

---

[39] "O envolvimento de Schmidt com a New America Foundation o coloca firmemente no centro do *establishment* de Washington. Outros membros do conselho administrativo da fundação – dos quais sete também são membros do Conselho de Relações Exteriores – são Francis Fukuyama, um dos mentores do movimento neoconservador; Rita Hauser, que serviu no Conselho Consultivo de Inteligência da Presidência, tanto no governo de Bush quanto no de Obama; Jonathan Soros, filho de George Soros; Walter Russell Mead, estrategista de segurança e editor da *American Interest*; Helene Gayle, que faz parte do conselho administrativo da Coca-Cola e da Colgate--Palmolive, da Fundação Rockefeller, da Unidade de Política de Relações Exteriores do Departamento de Estado, do Conselho de Relações Exteriores, do Centro de Estudos Estratégicos e Internacionais, do Programa Fellows da Casa Branca e da ONE Campaign, do Bono; e Daniel Yergin, geoestrategista da indústria petrolífera, ex-presidente do conselho da Força-tarefa em Pesquisas Estratégicas em Energia, do Departamento de Energia, e autor de *O petróleo: uma história de ganância, dinheiro e poder*". Ibidem, p. 36.

[40] Idem.

[41] Ibidem, p. 37.

de dólares gastos em 2012, contra os 15,3 milhões de dólares da Lockheed. A Boeing, fornecedora das Forças Armadas que absorveu a McDonnell Douglas em 1997, também ficou abaixo do Google, com 15,6 milhões de dólares gastos, assim como a Northrop Grumman, com 17,5 milhões de dólares.[42]

Por essa razão, Schmidt e Cohen declararam, em 2013: "O que a Lockheed Martin foi para o século XX, as empresas de tecnologia e cibersegurança serão para o século XXI"[43]. Aqui consiste uma das faces do colonialismo digital em sua expressão monopolista. A outra faceta é sua incontornável materialidade. A divisão de trabalho própria do neocolonialismo tardio impõe drásticos limites geográficos até para as relações de produção. A democracia e o bem-estar social, tão importantes à reprodução capitalista nas metrópoles, nunca foram viáveis nas colônias, territórios rasgados pela violência em estado bruto e pela racialização. Essa dimensão também se agrava com o advento do colonialismo digital.

Como já foi dito, não há software sem hardware. Falta dizer que também não há hardware sem ouro, lítio, columbita e tantalita (coltan), cobalto, entre outras matérias-primas frequentemente extraídas de forma violenta de terras indígenas ou africanas pelo garimpo predatório. Dada a importância da indústria eletrônica para os modos de existir do capitalismo contemporâneo, é fácil concluir que a sua reprodução seria inviável sem o acesso a essas matérias-primas. Novamente, observa-se uma das facetas mais violentas do colonialismo digital, uma vez que, aqui, o extrativismo não evoluiu desde as antigas colônias do século XIX.

Os conflitos em torno dessas commodities, provocados em nações como a República Democrática do Congo, a Nigéria ou o Mali por milícias financiadas por empresas partícipes da cadeia produtiva informacional, são emblemáticos nesse sentido. Pode soar irônico que a multinacional estadunidense ITT (International Telephone & Telegraph), denunciada em canto de guerra em 1980 por Fela Kuti, o pai do afrobeat[44], seja justamente uma empresa de telecomunicações. Como argumentou Frantz Fanon, o colonialismo foi fundamental para o desenvolvimento da democracia e da tecnologia nas metrópoles europeias e agora, em caminho similar, o

---

[42] Ibidem, p. 39.

[43] Ibidem, p. 40.

[44] Acesse a letra e a música de "I.T.T. (International Thief Thief)" em: <https://www.letras.mus.br/fela-kuti/1576105/>; acesso em: 13 abr. 2023.

A fabricalização da cidade e as bases extrativistas do colonialismo digital • 87

colonialismo digital garante o funcionamento normal de nossos smartphones e sistemas de navegação aérea. Um fenômeno que só é possível mediante a criação permanente de mundos de morte em territórios de extração de matérias-primas imprescindíveis para a indústria eletrônica, como as minas no lago Kivu, na fronteira do Congo com Ruanda.

Mas o colonialismo digital também está presente no poder político que as corporações da indústria digital passam a ter. O poder geopolítico das big techs é acrescido da centralidade das tecnologias informacionais na produção e no funcionamento de produtos de diversos ramos estratégicos, entre os quais se destacam as indústrias bélica, de transporte e de telecomunicações. Além disso, elas exercem influência indireta sobre a opinião pública, a depender de como direcionam o conteúdo disponível em suas plataformas.

As big techs também seguem disputando os rumos da *bios* política a partir de diversos meios de persuasão que não se sofisticaram muito em relação a suas predecessoras, mas gozam, atualmente, de novas possibilidades. Se a estadunidense ITT atuou em favor do nazismo[45], do golpe de Estado a Salvador Allende e do apoio a governos corruptos em vários países da África e da América Latina, quando este livro era finalizado a Microsoft[46], o Google[47], a Tesla[48], a Apple[49] e o Facebook[50] tomaram partido da Ucrânia, ao anunciar sanções à Rússia.

Outro elemento relacionado à materialidade concreta do colonialismo digital se apresenta pelo controle monopolista da infraestrutura[51] de hardware

---

[45] A IBM também o fez, oferecendo sua tecnologia de armazenamento e cruzamento de dados estatísticos em cartões, tecnologia que foi fundamental ao desenvolvimento dos futuros computadores. Ver Edwin Black, *IBM and the Holocaust: The Strategic Alliance between Nazi Germany and America's Most Powerful Corporation* (Washington, Dialog, 2012).

[46] "Ucrânia sofreu ciberataque horas antes da invasão russa, diz Microsoft", *G1*, 1º mar. 2022; disponível on-line.

[47] "Google suspende monetização da imprensa estatal russa em suas plataformas", *G1*, 27 fev. 2022; disponível on-line.

[48] "Musk ativa sua rede de satélites na Ucrânia e diz que vai ampliá-la para manter acesso a internet no país", *O Globo*, 27 fev. 2022; disponível on-line.

[49] Ana Marques, "Apple suspende vendas de produtos na Rússia e limita apps de mídia estatal", *Tecnoblog*, 1º mar. 2022; disponível on-line.

[50] "Empresa dona do Facebook proíbe mídia estatal russa de monetizar publicações", *G1*, 26 fev. 2022; disponível on-line.

[51] "Megacorporações da internet têm recursos diferentes de megacorporações como a Boeing, a Goldman-Sachs, a Chevron ou a Monsanto: seu poder provém de deter a

88 • Colonialismo digital

e software de redes, datacenters e servidores e do controle da força de trabalho, do cognitariado e do precariado, que são a carne a ser moída para a acumulação atual, programando e pedalando, sendo colocados como biorrobôs que executam ordens emitidas por uma voz robotizada, controlada pela IA da plataforma. Uma ciborguização alienante, em que o conhecimento evanesce e é proclamado o reino "dataísta", o fetiche pelos dados e a morte da narrativa.

Ex-colônias britânicas, como Índia e Bangladesh – nações subimperialistas e, ao mesmo tempo, fartos celeiros para a superexploração garantida pela falta de regulação trabalhista –, recebem call centers terceirizados responsáveis pelo tagueamento[52] e pela moderação de conteúdos impróprios que circulam nas grandes plataformas. Essa curiosa operação que explicita os limites da chamada inteligência artificial oferece uma série de traumas psíquicos e ocupacionais a seus funcionários, impossibilitados de responsabilizar seus contratantes, uma vez que se encontram desprotegidos dos direitos trabalhistas.

Por fim, e não menos importante, há a ligação do colonialismo digital com as políticas de investimento e inovação. O acesso de startups ao investimento de *joint venture capitalists*, incrementando a possibilidade de disrupção – "a palavra predileta das elites digitais"[53] –, é um dos mecanismos fundamentais para a inovação. Em termos de pesquisas, ocorre uma

---

propriedade da infraestrutura de nossas comunicações. No entanto, em sua essência, as megacorporações da internet não são fundamentalmente diferentes. Sua constituição jurídica é praticamente a mesma, seu aparato corporativo só difere um pouco e todas elas vivem no mesmo hábitat: o capitalismo globalizado do século XXI. Com seu crescimento, essas megacorporações acumulam, por direito próprio, poder suficiente para participar do grande jogo da geopolítica global. Em outras palavras, elas se tornam mecanismos viáveis para a operação do império. Uma corporação norte-americana da internet grande o suficiente representa uma ameaça potencial para a soberania e a segurança de países como o Brasil, a Índia, a Rússia ou o Irã no mesmo patamar que uma companhia de energia ou uma fabricante de armamentos norte-americana. Ou, aliás, um órgão do governo dos Estados Unidos." Julian Assange, *WikiLeaks*, cit., p. 20.

[52] Segundo o glossário do Nossa Quebrada, tagueamento é a "atribuição de termos descritivos aplicáveis a textos ou imagens. Para quem produz os conteúdos, as tags servem para que estes sejam devidamente organizados e posteriormente recuperados. Para os usuários das plataformas digitais, as tags possibilitam resultados mais condizentes com suas buscas". Ver Nossa Quebrada, "O que é tagueamento", *Medium*, 3 dez. 2017; disponível on-line.

[53] Evgeny Morozov, *Big Tech: a ascensão dos dados e a morte da política* (trad. Claudio Marcondes, São Paulo, Ubu, 2018), p. 27.

A fabricalização da cidade e as bases extrativistas do colonialismo digital • 89

verdadeira colonização das universidades em prol dos ditames das big techs, moldando pesquisadores já em sua formação, "parcerias" entre as empresas e universidades, fundações público-privadas.

Conforme já afirmamos, a fabricalização da cidade de que fala Ferrari é também, como a própria socióloga identificou, uma proletarização da vida civil, em suas dimensões individuais e, sobretudo, subjetivas. Atualmente, estamos assistindo a uma uberização da vida cotidiana por meio da monetização da nossa imagem cotidianamente capturada por aparelhos cada vez mais presentes em todos os momentos. É, pois, neste ponto que o colonialismo digital se converte em uma forma de dominação que tem sido nomeada como *i-colonialism* ou *colonialismo de dados*.

7
A ACUMULAÇÃO PRIMITIVA DE DADOS E A "NOVA" TOKENIZAÇÃO DO "VELHO" VALOR

> *"Artefatos tecnológicos que nos parecem neutros ou intrinsecamente bons, produzidos para resolver problemas práticos, contêm relações sociais que são obscurecidas pelo fetiche da tecnologia."*
>
> Henrique T. Novaes, *O fetiche da tecnologia*

Aquilo que se convencionou chamar de *i-colonialism*, ou *colonialismo de dados*[1], é uma das tendências do fenômeno mais amplo que nomeamos neste estudo como colonialismo digital. Essa tendência particular – que, por vezes, tem a feição de uma *acumulação primitiva de dados* – merece destaque por ser responsável por uma subsunção cada vez maior e mais violenta da vida humana aos processos de valorização do valor. No capítulo anterior, tratamos de como os avanços tecnológicos advindos da chamada Indústria 3.0 ofereceram novas possibilidades de apropriação dos tempos de trabalho em um processo nomeado por Ferrari como "fabricalização da cidade". À medida que as vias públicas vão sendo convertidas em grandes esteiras produtivas a céu aberto e o *just in time* informacional-gerencial permite a sincronização cada vez mais precisa de tempos e espaços urbanos, a organização da vida social é subsumida às necessidades insaciáveis da diminuição do tempo de rotação e valorização de capitais.

No presente capítulo, analisaremos os desdobramentos privados dessa subsunção. Acreditamos que essas dimensões se tornaram mais visíveis e

---

[1] Ver Sérgio Amadeu da Silveira, "A hipótese do colonialismo de dados e o neoliberalismo", em Sérgio Amadeu da Silveira, Joyce Souza e João Francisco Cassino (orgs.), *Colonialismo de dados: como opera a trincheira algorítmica na guerra neoliberal* (São Paulo, Autonomia Literária, 2021), p. 33-51.

92 • Colonialismo digital

dramáticas com o advento da Indústria 4.0 e o chamado colonialismo de dados, que permitiram elevar a fabricalização a um novo patamar: a vida privada. Isso impõe aos chamados usuários – agora partícipes não pagos da cadeia sem muros da valorização de valor – grandes implicações psicológicas[2]. Estamos diante de uma verdadeira expropriação extrativista de elementos que antes escapavam ao domínio do capital: o ócio, a criatividade, a cognição e a subjetividade.

O colonialismo de dados pode ser entendido como conjunto de práticas, técnicas e políticas por meio do qual "as plataformas de redes sociais criam, de maneira sociotécnica, mecanismos de extrair lucro da vivência digitalizada dos sujeitos"[3], a partir de uma lógica violenta e despótica que lembra a velha "acumulação primitiva". Virgínia Fontes nos lembra, no entanto, que Marx estava ironizando o jargão burguês da economia política de sua época ao nomear o capítulo 24 do Livro I de *O capital* como "A *assim chamada* acumulação primitiva"[4]. Distanciando-se das explicações meritocráticas da riqueza, oferecidas pelos economistas burgueses, o mouro denuncia que o acúmulo de riqueza dos capitalistas europeus não fora obtido por poupanças e ascetismo financeiro, mas pela violenta expropriação de terras, trabalhos e saberes coletivos pelo capital. Expropriação essa que separou parte da humanidade dos pressupostos de sua subsistência para condená-la – a partir de condições históricas particulares em cada contexto geográfico – à venda da única propriedade que lhe restou: a força de trabalho.

Como vimos nos capítulos 3 e 4 deste livro, a violência total e irrestrita do sistema colonial foi um dos elementos sem o qual o capitalismo não teria completado seu turno de desenvolvimento e expansão. As determinações reflexivas entre capitalismo e colonialismo indicam que não se pode analisar devidamente a expansão mundial do capitalismo sem considerar a necessidade da histórica empresa colonial de desmantelar ou subsumir outros modos de produção às demandas de acumulação, globalizando o capital, e ao mesmo tempo sem considerar sua necessidade de expandir

---

[2] Os aspectos psicológicos serão mais bem abordados no capítulo 10 deste volume.

[3] Sérgio Rodrigo da Silva Ferreira, "O que é (ou o que estamos chamando de) 'colonialismo de dados'?", *Paulus*, v. 5, n. 10, 2021, p. 50; disponível on-line.

[4] Karl Marx, *O capital. Crítica da economia política*, Livro I: *O processo de produção do capital* (trad. Rubens Enderle, São Paulo, Boitempo, 2013, coleção Marx-Engels), p. 785, grifo nosso.

A acumulação primitiva de dados e a "nova" tokenização do "velho" valor • 93

e desenvolver as forças produtivas, via genocídio não branco, sequestro coletivo de seres humanos e expropriação de terras indígenas, saberes e tempo de trabalho.

Como alerta Fontes[5], as condições violentas que separam o trabalho de suas condições materiais de subsistência, disponibilizando trabalhadores para serem explorados (gerando a "assim chamada" acumulação primitiva), são, na verdade, *expropriação originária* ou primária[6]. Nas palavras do próprio Marx,

> como se explica que um dos grupos compre constantemente para realizar lucro e enriquecer-se, enquanto o outro grupo vende constantemente para ganhar o pão de cada dia? A investigação desse problema seria uma investigação do que os economistas chamam "acumulação prévia ou originária", mas que deveria chamar-se *expropriação originária*. E veremos que essa chamada acumulação originária não é senão uma série de processos históricos que resultaram na *decomposição da unidade originária* existente entre o homem trabalhador e seus instrumentos de trabalho.[7]

A expropriação não se confunde com a exploração do trabalho e só ocorre em condições específicas: é, pois, a permanente transformação dos meios de vida em capitais. Ocorre que ela não se limitou às origens do desenvolvimento capitalista, mas acompanhou, como condição *sine qua non*, sua expansão e sua intensificação até nossos dias, como argumenta Fontes:

> A investida capitalista ocorre, assim, para fora (expropriação "prévia"), atingindo setores da vida social ainda não plenamente capitalistas ou aqueles cujo grau de subsunção ao capital era ainda limitado, e para dentro, através do que venho designando como expropriações secundárias, atuando tanto como concentradoras de recursos quanto como disponibilizadoras de mão

---

[5] Virgínia Fontes, "Crise do capital, financeirização e educação", *Germinal: Marxismo e Educação em Debate*, Salvador, v. 11, n. 3, dez. 2019, p. 328-47.

[6] No capítulo 24 de *O capital*, Marx "esmiúça as diversas formas de violência e roubo sobre as populações que de fato partejaram o capitalismo: expropriação do povo do campo; Reforma e roubo dos bens da Igreja (católica); legislação sanguinária contra os pobres na Europa, através de encarceramento e trabalho forçado; roubo dos domínios do Estado; a colonização e seu cortejo trágico de escravização, extermínio de populações e pilhagens; estabelecimento de sistemas tributários voltados para favorecer o grande capital, assim como as dívidas públicas etc.". Idem, "A transformação dos meios de existência em capital: expropriações, mercado e propriedade", em Ivanete Boschetti (org.), *Expropriação e direitos no capitalismo* (São Paulo, Cortez, 2018), p. 3.

[7] Karl Marx, *Salário, preço e lucro* (São Paulo, Nova Cultural, 1996, coleção Os Economistas), p. 99, grifos nossos.

94 • Colonialismo digital

de obra, isto é, impulsionando os trabalhadores a subordinar-se "voluntariamente" a qualquer forma de venda da força de trabalho.[8]

A autora oferece inúmeros exemplos de expropriações contemporâneas, entre os quais se destaca a condenação das massas urbanas a uma redisponibilização ao mercado, "desprovidas das conquistas que as classes trabalhadoras haviam assegurado nos últimos 150 anos, como contratos de trabalho, direitos previdenciários, direitos sociais"[9]. As expropriações se abatem também sobre o conhecimento dos trabalhadores e a "tendência permanente de introdução de inovações tecnológicas e organizativas nos processos de trabalho"[10]. São esses dois pontos de expropriação secundária que exploraremos a seguir, a partir da noção de *acumulação primitiva de dados* – primitiva por analogia à expropriação primária que se popularizou no jargão marxista e, ao mesmo tempo, para enfatizar a dimensão violenta que lhe é inerente e incontornável. Violência essa que, como nos alerta Frantz Fanon, não pode ser socialmente sustentável sem, antes, durante e depois, ser também afetiva e subjetiva[11].

O colonialismo de dados não é mera inovação tecnológica e um modo de organização do processo de trabalho, mas um direcionamento da tecnologia para a captação de dados de empresas e usuários comuns com finalidades diversas, que vão do simples mapeamento de seu perfil para fins comerciais e políticos à extração massiva de dados populacionais para o complexo treinamento de máquinas algorítmicas e redes neurais. Os dados, aqui, se convertem em matéria-prima preciosa a ser obtida por violentos ou consensuais processos de extrativismo: a acumulação primitiva de dados.

Esse novo arranjo técnico produtivo subsume cada vez mais a vida humana, o ócio, a criatividade, a cognição e os processos teleológicos às

---

[8] Virgínia Fontes, "Capitalismo, imperialismo, movimentos sociais e luta de classes", *Revista em Pauta*, Rio de Janeiro, n. 21, 2008, p. 29.

[9] Idem, "Crise do capital, financeirização e educação", cit., p. 330.

[10] Idem, "A transformação dos meios de existência em capital", cit., p. 8.

[11] "No mundo colonial, a afetividade do colonizado é mantida à flor da pele, como uma chaga viva que foge do agente cáustico. E o psiquismo se retrai, oblitera-se, descarrega-se em demonstrações musculares, o que fez com que homens muito eruditos dissessem que o colonizado é um histérico. Essa afetividade em ereção, vigiada por guardas invisíveis, mas que se comunicam sem transição com o núcleo da personalidade, deleita-se, com erotismo, nas dissoluções motoras da crise." Frantz Fanon, *Os condenados da terra* (trad. Enilce Rocha e Lucy Magalhães, Juiz de Fora, Editora UFJF, 2005), p. 74.

lógicas extrativistas, automatizadas e panópticas do colonialismo digital. Não se trata, aqui, de simples alteração dos ritmos de vida ou mesmo da percepção humana em decorrência da introdução de novas tecnologias, como poderia se presumir, e sim da manipulação intencional da cognição humana por grandes corporações empresariais a partir dessas tecnologias com vistas à ampliação da acumulação de capitais. É um verdadeiro saque milionário de informações transformadas em ativos econômicos, perpetrado por corporações imperialistas que extraem, armazenam e processam dados, *expertise* e padrões sociais, quantificando parte fundamental de nossa vida para melhor mercantilizá-la.

Trata-se de uma colonização que se dirige à vida social, privada e subjetiva por tecnologias algorítmicas, sem empatia e compaixão. Um coração, para cumprir sua função, deve executar determinados tipos de movimentos que permitam, mesmo nos animais de sangue frio, o bombeamento necessário à circulação sanguínea. No entanto, o movimento, tanto em um corpo biológico quanto em um hardware sem vida, pressupõe algum tipo de calor. Este é, hoje, justamente um dos maiores dilemas da bilionária indústria de mineração de dados que envolve o chamado big data, o Web 3.0[12] ou mesmo a Indústria 4.0[13].

O calor das sofisticadas máquinas de processamento algorítmico, utilizadas tanto para armazenar dados quanto para calcular novos blocos em cadeia para uma criptomoeda qualquer, consome quantidades de energia que superam o uso doméstico de países como a Argentina ou a Bélgica. Como veremos, o big data é o coração do colonialismo de dados, mas, para funcionar de modo adequado, precisa ser constantemente resfriado.

A ironia nada poética desse fato é que esse coração tem cada vez mais coordenado os ritmos de vida, a percepção de realidade e a interação entre os seres humanos. Não bastasse, esse gélido membro – não vivo, mas nem por isso menos pulsante – tem sido alçado à condição de avaliador em processos médicos, educacionais, científicos, mercadológicos e, sobretudo, jurídicos.

---

[12] O conceito criado por Tim O'Reilly, ainda polêmico entre os especialistas, tenta explicar as recentes transformações na forma que a World Wide Web tem sido utilizada, ainda mais após o estouro da "bolha da internet", entre 1995-2000. Ver Renato Teixeira Bressan, "Dilemas da rede: Web 2.0, conceitos, tecnologias e modificações", *Anagrama*, v. 1, n. 2, dez. 2007-fev. 2008.

[13] Ver José Luis del Val Román, "Indústria 4.0: la transformación digital de la indústria", *Coddiinforme*, 2016; disponível on-line.

96 • Colonialismo digital

Em várias partes do mundo, julgamentos têm sido influenciados ou até substituídos por avaliações algorítmicas bombeadas pela rápida pulsação binária do grande coração gelado.

A extração e o processamento de big data permitem predição e influência no comportamento da população, engenharia social, marketing político, vigilantismo digital de empresas de outros países e de governos estrangeiros, espionagem industrial, guerra de (des)informação imperialista, *lawfare*[14], uso de *pattern life*[15] e lobby das big techs[16]. Essas inovações tecnológicas têm alimentado técnicas de gestão logística dos territórios urbanos, cada vez mais fabricalizados[17], e ampliado assustadoramente as possibilidades de soberania e subjugação, mas, sobretudo, elas têm sofisticado, acelerado e intensificado as formas de apropriação do tempo de trabalho excedente.

Ao mesmo tempo, seres humanos de sangue quente assistem – não completamente passivos – a sua vida ser submetida a essa pulsação binária. Pulsação discreta, já que não se podem ignorar as leis da física, mas de tão acelerada passa a ser percebida como se fosse contínua e ininterrupta, imprimindo na psique certo modo de percepção do mundo e, sobretudo, de si.

Pode-se pensar o colonialismo de dados em duas direções. A primeira, de cunho metafórico, tem a ver com a intensidade e a abrangência com que as tecnologias informacionais "colonizam" as demais instâncias da vida. A segunda, de caráter econômico, tem a ver com os sentidos dessa colonização, uma vez que ela, em suas expressões políticas ou subjetivas, tem de fundo a subsunção real de parcelas cada vez maiores de tempo humano para as finalidades de acumulação de capital.

---

[14] Quando potências imperialistas derrubam governos não alinhados, usando as próprias leis do país-alvo.

[15] Mapas que unem *socius*, *locus* e tempo para efetivar assassinatos "seletivos" com drones, buscando prever o comportamento do alvo. Ver Grégoire Chamayou, *Teoria do drone* (trad. Célia Euvaldo, São Paulo, Cosac Naify, 2015).

[16] A Internet.org e o Project Loon "são iniciativas do Facebook e do Google, respectivamente, que buscam oferecer acesso à internet de forma gratuita, a partir de satélites ou balões, para lugares remotos como algumas regiões da África e Ásia". Leonardo Foletto, "Introdução", em Richard Barbrook e Andy Cameron, *A ideologia californiana: uma crítica ao livre mercado nascido no vale do Silício* (trad. Marcelo Träsel, União da Vitória, Monstro dos Mares/Porto Alegre, Baixacultura, 2018), p. 8.

[17] Terezinha Ferrari, *Fabricalização da cidade e ideologia da circulação* (São Paulo, Outras Expressões, 2012).

As possibilidades de produção e reprodução têm sido cada vez mais mediadas por relações sociais coisificadas (mercadorias) – mas também relações sociais reificadas em tendente mercantilização – que viabilizam e, ao mesmo tempo, delimitam o tipo de contato e relações que temos com os outros e, em consequência, com nós mesmos. No plano cotidiano, tanto a internet quanto os diversos hardwares e softwares necessários a seu uso vão se tornando cada vez mais incontornáveis à experiência vivida e imprimem uma dependência estranhada que está longe de se reduzir a um conflito homem *versus* máquina, mas expressa uma tendência da luta de classes, com grandes implicações para as possibilidades de expropriação e apropriação de tempos de trabalho.

Levantando a questão

Interessante observar como a ideologia prometeica das big techs e o fetiche da tecnologia que a acompanha nos interpelam cotidianamente, criando a sensação de que o "velho" capitalismo estaria superado por uma nova ordem tecnológica e informacional: uma suposta nova era em que o conhecimento e a informação intangível seriam a fonte de valorização do valor. Quando lançou o Macintosh, em 1984, a Apple veiculou uma peça publicitária ao vivo durante o intervalo do Super Bowl, marcando a transição das ideologias próprias ao "velho" fordismo para aquelas adequadas à sociedade *just in time*[18] que se gestava. Com alusão direta ao livro *1984*, de George Orwell, a Apple anunciou, com voz e letreiro, que no dia 24 de janeiro seria lançado o Macintosh. Segundo o anúncio, seria inaugurada uma época diferente daquela narrada por Orwell. No cenário da peça publicitária, os espectadores são transportados ao panóptico totalitário do romance: um Grande Irmão (Big Brother) enuncia dogmas enquanto a plateia, alienada e passiva, responde aos comandos e chavões ideológicos contra a liberdade de pensamento. Até que, de repente, a cena de paleta cinza é cindida por uma mulher de branco e vermelho, que corre entre a plateia atônita, aproxima-se da tela gigante e a quebra com uma marreta. Essa performance revela uma ideologia que acompanhará muitas análises sobre o tempo que se pariu ali[19]. Ideologia ancorada em duas suposições:

---

[18] Idem.

[19] "A ideia de um mundo pós-industrial baseada na economia do conhecimento, em que a digitalização das informações impulsionaria o crescimento e a criação de riqueza

98 • Colonialismo digital

1) a ideia de que o surgimento das grandes plataformas digitais teria superado o antigo capitalismo-fordista ou o enigmático Estado industrial, nos levando a uma "nova era", nomeada como "era digital" ou "capitalismo de plataforma"; 2) a suposição, que sustenta a anterior, de que o trabalho "material" estaria superado por uma (nova) "era virtual".

Nas primeiras décadas do século XXI, a origem do lucro da Microsoft ou de outras empresas de igual natureza foi objeto de intenso debate entre sociólogos, economistas e filósofos, uma vez que, supostamente, desmantelaria – ou, pelo menos, teria feito caducar – a teoria marxiana do valor. Mais recentemente, o *frisson* especulativo em torno das criptomoedas e, depois, dos NFTs reacendeu o debate sobre a produção do mundo virtual. Abundam estudos que explicam o valor do bitcoin, por exemplo, valendo-se exclusivamente do velho mantra da lei da oferta e da procura[20] e, por sua vez, há pesquisadores que se assombram com a valorização milionária da assinatura digital de imagens ou outros ativos digitais, como gifs de pouco ou quase nenhum valor em si[21]. Há algo nesses dois casos que merece ser observado mais de perto.

Os NFTs (*non-fungible tokens*, ou tokens não fungíveis) são chaves eletrônicas criptografadas e baseadas na tecnologia blockchain, que é a base de criptomoedas. São não fungíveis pois são "únicas", e emula-se uma autenticidade digital, que poderíamos abordar sob a ótica do conceito de aura em Walter Benjamin. Imagine um metaverso, um território imaterial hibridizado com um território real, através de realidade aumentada, onde seu avatar pode adquirir roupas virtuais de marca, terrenos, casas ou jogar games *pay to win*, adquirindo itens únicos.

O blockchain é uma tecnologia baseada em uma rede descentralizada *peer to peer*, onde não há servidor central e todos os usuários tornam-se nós dessa rede. A primeira aparição da conexão *peer to peer* foi no saudoso Napster, criado por Shaw Fenning, no qual ainda era possível baixar música

---

ao diminuir as estruturas de poder mais antigas em prol de indivíduos conectados em comunidades digitais, prosperou." Leonardo Foletto, "Introdução", cit., p. 6.

[20] Ver "Como o valor do bitcoin é calculado?", *Foxbit*, 5 mar. 2019; disponível on-line.

[21] A polêmica foi acrescida quando o jogador de futebol Neymar mudou a sua foto de perfil para a imagem banal de um macaco da coleção de NFTs Bored Ape Yacht Club, da qual comprou duas artes pelo valor de 6,2 milhões de reais. Ver Matheus Ruas, "Neymar vira colecionador de NFTs e compra duas artes por R$ 6,2 milhões", *O Globo*, 22 jan. 2022; disponível on-line.

em formato mp3. A plataforma Napster foi retirada do ar devido a vários processos de direitos autorais.

Devido à criptografia, o blockchain torna-se, supostamente, seguro e confiável para transações, exercendo a função de "livro-razão distribuído" ou "livro contábil compartilhado" a ser usado para registrar "nascimentos e óbitos, títulos de propriedade, certidões de casamento, diplomas escolares, pedidos às seguradoras, procedimentos médicos e votos"[22]. Ainda assim, casos de roubo de criptomoeda não são incomuns, embora pouco noticiados. O mais famoso é o dos chamados Crocodilos de Wall Street, casal excêntrico composto de um marqueteiro e uma rapper e colunista da *Forbes*, que foram presos em 2022 acusados de roubar o que hoje é avaliado em 19 bilhões de dólares em bitcoins[23]. No Brasil, notabilizou-se nos noticiários o suposto caso de pirâmide envolvendo criptomoedas[24].

O processo de consolidação da criptomoeda, seu *initial coin offer*, atraiu investidores e foi fixada sua quantidade máxima, o que produz uma escassez gerada artificialmente e por meios tecnológicos. Essa escassez tecnológica cria um lastro para a criptomoeda e permitiria qualificá-la como mercadoria-equivalente específica. Assim, é possível compreender a criptomoeda partindo da análise que Marx faz sobre a dupla função do ouro, como mercadoria em si e "como uma grandeza de referência que viabiliza a circulação"[25].

Nakatani e Mello[26] afirmam que "a criação de bitcoins implica um custo de produção decorrente dos desgastes de equipamentos e consumo de energia, além do tempo de trabalho de cada 'minerador'". A criação de criptomoeda lembra muito o processo de cunhagem de metais, já que ocorre uma simulação da mineração de ouro. A crença fetichista que afirma ser

---

[22] Klaus Schwab, *A quarta revolução industrial*, citado em Maurício Antonio Tamer, "As criptomoedas como mercadoria-equivalente específica: uma breve leitura do fenômeno a partir da obra *O capital*, de Karl Marx", *Revista da PGBC*, v. 12, n. 2, dez. 2018, p. 110-21; disponível on-line.

[23] M. Henrique, "Crocodilos de Wall Street – o excêntrico casal que lavou 23 bilhões de reais com criptomoedas"; disponível on-line.

[24] Sérgio Ripardo, "Pirâmide cripto: mais de 500 acusam golpe que vira caso de polícia em SP", *Bloomberg Línea*, 21 fev. 2022; disponível on-line.

[25] Maurício Antonio Tamer, "As criptomoedas como mercadoria-equivalente específica", cit., p. 18.

[26] Paulo Nakatani e Gustavo M. C. Mello, "Criptomoedas: do fetichismo do ouro ao *hayekgold*", *Crítica Marxista*, n. 47, 2018, p. 15; disponível on-line.

100 • Colonialismo digital

possível transmutar mais dinheiro em mais dinheiro, sem a mediação concreta e contraditória da produção, é o sonho febril capitalista. Na verdade, o bitcoin é um dinheiro de crédito virtual fictício.

Tanto o NFT quanto o blockchain baseiam-se na arte de criar um *hic et nunc* impossível, um "aqui e agora" esvaziado do "estar aí". Mas nem por isso deixam de existir como entidades materiais. O filósofo Pierre Lévy propõe uma inversão no *dasein* heideggeriano – entendido como presentificação, traduzido para o francês como *être-la* [estar aí] – para pensar o virtual como *hors-là* [não presença], móvel e desterritorializado, cujos membros não se encontram em parte alguma: "Quando uma pessoa, uma coletividade, um ato, uma informação se virtualizam, eles se tornam 'não presentes', se desterritorializam. Uma espécie de desengate os separa do espaço físico ou geográfico ordinários e da temporalidade do relógio e do calendário"[27]. Mas essa não presentificação não anula sua existência, apenas marca uma forma particular de existir. Em termos lukacsianos, poderíamos dizer que o blockchain é um *ente* digital realmente existente cujo *ser-precisamente-assim* (*Geradesosein*) permite, em sua desterritorialização e interativa legalidade ontológica[28], a materialidade e a escassez artificial, asseguradas por códigos matemáticos criptografados.

Já se tem relatos de obras de Picasso e Bansky queimadas ao vivo nas redes, mas que antes foram digitalizadas em alta definição e nelas foi inserido um NFT. Emular uma pseudoaura, assim como se emula prototipagem eletrônica no Arduíno[29], permitiria a simulação da unicidade e da aura da obra no ciberespaço? Que ontologia emerge dessa hibridização do real e do virtual? Os volumosos investimentos no metaverso, assim como a definição, nos provocam a pensar a temática do valor. Segundo matéria do portal *FDR*,

> o metaverso representa a construção de um mundo virtual, onde as pessoas podem interagir entre si por meio de avatares digitais. Essa criação acontece por meio da junção de variadas tecnologias, como realidade virtual, realidade

---

[27] Pierre Lévy, *O que é o virtual?* (trad. Paulo Neves, São Paulo, Editora 34, 1996), p. 21.

[28] György Lukács, *Prolegômenos para a ontologia do ser social* (trad. Sérgio Lessa, Maceió, Coletivo Veredas, 2018, coleção Obras de Georg Lukács, v. 13), p. 36.

[29] Arduíno é o nome de uma plataforma de prototipagem eletrônica de código aberto criada para o desenvolvimento de projetos interativos a preço acessível.

aumentada, blockchain e inteligência artificial. Nesse ambiente, os usuários podem firmar negócios, realizar compras, investir, entre outros. As ações acontecem em *tempo real*.[30]

O fato de termos optado aqui pela definição feita por uma página de investimentos financeiros, e não pela própria Meta (Facebook), empresa que está desenvolvendo o metaverso, não é aleatório. Segundo a matéria, os principais ativos dessa plataforma de interação em "tempo real" são criptomoedas (baseadas em blockchain), ETFs (fundos de ativos ligados à tecnologia) e ações convencionais relacionadas ao desenvolvimento de tecnologias. Há uma aposta no desenvolvimento informacional como possibilidade privilegiada de valorização do valor (D – D'), já que, segundo as previsões do Google, até o fim da presente década as pessoas passarão mais tempo no universo virtual que no universo real. A pergunta de um trilhão de dólares (equivalente à soma do valor de mercado das principais big techs) é: como o valor se valoriza neste desterritorializado universo digital?

A resposta da escola da economia do conhecimento

No capítulo 16 do Livro I de *O capital* ("Diferentes fórmulas para a taxa de mais-valor"), Marx apresenta fórmulas que permitem estimar a taxa do mais-valor e, sobretudo, questionar as formulações propostas pela economia política. Nesse ponto, ele apresenta uma notável contradição do sistema capitalista. Se, por um lado, a tendência do processo produtivo é revolucionar constantemente os meios de produção de forma a "reduzir a zero" o custo da mão de obra – *trabalho necessário* – e, consequentemente, ampliar as parcelas de mais-valor – *trabalho excedente/mais-trabalho* –, por outro lado, como explica, "desaparecendo o trabalho necessário, desapareceria também o mais-trabalho, já que este último não é mais do que uma função do primeiro"[31]. Assim, o sonho dourado burguês se converte, ao mesmo tempo, em seu pior pesadelo.

As perguntas que cabem, quando se pensam a tendente desvalorização e a substituição da força de trabalho por capital constante sob a forma de máquinas automatizadas por algoritmos supostamente inteligentes, são:

---

[30] Silvio Suehiro, "A tendência é o metaverso! Saiba como investir e ganhar muito dinheiro", *FDR*, 24 dez. 2021; disponível on-line, grifo nosso.

[31] Karl Marx, *O capital*, Livro I, cit., p. 600.

102 • Colonialismo digital

estamos chegando a um ponto da história do capitalismo em que a força de trabalho humana deixou de ser relevante para a valorização do capital? A visível e vertiginosa aceleração no tempo de rotação do capital, propiciada por sistemas informacionais de comunicação em "tempo real", chegou ao ponto em que D pode prescindir da mediação produtiva (M – P ... M) em sua valorização para D'?[32] Existe mesmo um tempo real? Afinal, o virtual – que, como já vimos, não é oposto ao real, mas ao atual – produz valor? Sendo seus ativos intangíveis, ainda faria sentido falar em exploração? O crescimento econômico da esfera virtual de valorização do valor não colocaria a "velha" produção industrial – bem como a teoria do valor que buscou desvendá-la – em um passado arqueologicamente longínquo?

Essas questões foram levantadas e respondidas, inicialmente, pelos autores da chamada *economia do conhecimento*[33]. Para eles, a economia global "pós-fordista" estaria em transição de uma matriz de *trabalho material*

---

[32] Buscando traduzir de maneira simplificada a clássica fórmula (D – M – P ... P' – M' = D') para possíveis leitores não familiarizados com o jargão marxiano, temos o seguinte: no processo (capitalista) de valorização do valor, (D) representa o dinheiro (o capital) que compra duas importantes mercadorias (M) (1. os meios de produção, que vão das máquinas e infraestrutura às matérias-primas, e 2. a força de trabalho). No processo produtivo (P), e apenas nele, segundo observado por Marx, o trabalhador altera as qualidades dos meios de produção ao produzir um produto que vale mais (P') que a soma de todos os gastos iniciais investidos pelo capitalista. Vale mais porque o tempo de *trabalho necessário* para sua produção é menor que o tempo total de trabalho (jornada de trabalho) contratado pelo capitalista. O resultado da subtração do tempo necessário pela jornada de trabalho é o tempo excedente, o trabalho não pago do qual se extrai o mais-valor. A grande questão é que o incremento tecnológico tende a reduzir a zero o trabalho necessário, ainda que ele seja a base do mais-trabalho, imprescindível à valorização do valor. Se fosse possível ao capitalista valorizar o valor sem precisar desse inconveniente paradoxo, por que ele não o faria? Não seria a valorização do valor informacional uma via não prevista por essa fórmula elaborada no início do século XIX?

[33] Ver Peter F. Drucker, *The Age of Discontinuity: Guidelines to Our Changing Society* (London, Heinemann, 1969); Dragos Simandan, "Roads to Perdition in the Knowledge Economy", *Environment and Planning A*, v. 42, n. 7, 2010, p.1.519-20; André Gorz, *O imaterial: conhecimento, valor e capital* (São Paulo, Annablume, 2005); Maurizio Lazzarato, "Le cycle de la production immatériel", *Futur Antérieur*, n. 16, 1993, p. 111-20; Antonio Negri, "O empresário político", em André Urani et al., *Empresários e empregos nos novos territórios produtivos: o caso da Terceira Itália* (Rio de Janeiro, DP&A, 2002); e Maurizio Lazzarato e Antonio Negri, "Travail immatériel et subjectivité", *Futur Antérieur*, v. 6, 1991.

A acumulação primitiva de dados e a "nova" tokenização do "velho" valor • 103

para uma matriz de *trabalho imaterial* (toyotista), em que a informação e a inovação seriam as novas e principais forças motrizes. A expulsão dos trabalhadores dos espaços fabris, provocada pela automação e robotização própria da assim chamada *produção flexível*, teria, portanto, tornado a teoria marxiana caduca ou superada.

Na visão dos autores, em uma retomada singular e deslocada dos *Grundrisse*[34], a relação entre tempo de trabalho e tempo livre oferecida pelo marxismo se pautava pela noção "ultrapassada" de que o conhecimento não poderia ser fonte do valor, dada sua imensurabilidade[35]. Para eles, no entanto, a nova matriz econômica estaria revelando o oposto: uma economia (imaterial) pautada pela privatização do conhecimento, não pelo interior da fábrica.

A teoria da economia do conhecimento ganhou bastante destaque nas ciências sociais na virada do século XX para o XXI, em um momento de assombrosas transformações produtivas possibilitadas pela indústria informacional. De fato, o lucro da Microsoft com a venda de seus softwares

---

[34] O trecho mais citado por essa escola de pensamento é: "O capital dá o seu aporte aumentando o tempo de trabalho excedente da massa por todos os meios da arte e da ciência, porque a sua riqueza consiste diretamente na apropriação de tempo de trabalho excedente; uma vez que sua finalidade é diretamente o valor, não o valor de uso. Desse modo, e a despeito dele mesmo, ele é instrumento na criação dos meios para o tempo social disponível, na redução do tempo de trabalho de toda a sociedade a um mínimo decrescente e, com isso, na transformação do tempo de todos em tempo livre para seu próprio desenvolvimento. Todavia, sua tendência é sempre, por um lado, *de criar tempo disponível, por outro lado, de convertê-lo em trabalho excedente*. Quando tem muito êxito, o capital sofre de superprodução e, então, o trabalho necessário é interrompido porque não há *trabalho excedente para ser valorizado pelo capital*. Quanto mais se desenvolve essa contradição, tanto mais se evidencia que o crescimento das forças produtivas não pode ser confinado à apropriação do trabalho excedente alheio, mas que a própria massa de trabalhadores tem de se apropriar do seu trabalho excedente". Karl Marx, *Grundrisse: manuscritos econômicos de 1857-1858: esboços da crítica da economia política* (trad. Mario Duayer e Nélio Schneider, São Paulo/Rio de Janeiro, Boitempo/ Editora UFRJ, 2011), p. 590-1.

[35] Esta suposta crítica só foi possível porque seus autores leram Marx, à sua maneira, a partir de uma redução distorcida do conceito de trabalho ao trabalho manual (físico) realizado na fábrica, vendo a definição do valor "como uma expressão mensurável aritmeticamente da exploração do trabalho manual" e, sobretudo, "de classe trabalhadora ou proletariado como sinônimo de classe operária". Henrique Amorim, "As teorias do trabalho imaterial: uma reflexão crítica a partir de Marx", *Caderno CRH*, v. 27, n. 70, abr. 2014; disponível on-line.

104 • Colonialismo digital

intangíveis, ou mesmo a vertiginosa receita da Amazon – empresa que, pelo menos de início, advinha da esfera da circulação –, entre outros exemplos, colocaram grandes desafios à análise das formas contemporâneas de valorização do valor. Os teóricos da economia do conhecimento, bem como seus seguidores diretos ou indiretos, não tiveram dúvidas de que o momento atual seria marcado por uma nova era (*informacional*). Parcela significativa dos trabalhos sobre big data partem dessa premissa.

Em *Primeiro como tragédia, depois como farsa*, o filósofo esloveno Slavoj Žižek estabelece um diálogo crítico com a leitura de Antonio Negri – a dos *Grundrisse* – para concordar com ele no principal: "O problema central que enfrentamos hoje é que a predominância (ou até o papel hegemônico) do 'trabalho intelectual' dentro do capitalismo tardio afeta o esquema básico de Marx"[36].

Para Žižek, as transformações econômicas provocadas pela indústria digital e pela internet teriam o poder de entrelaçar produção, troca e consumo de maneira inédita, interferindo diretamente na clássica separação entre o trabalho e suas condições objetivas. Por isso, a clássica noção de *fetichismo da mercadoria*[37] teria de ser radicalmente repensada por conta da emergência do chamado *trabalho imaterial*, prática em que as relações entre pessoas escondem-se menos sob o verniz da objetividade e são elas mesmas o material de nossa exploração cotidiana.

Por essa razão, o filósofo esloveno acredita não fazer sentido falar em "reificação", na linha lukacsiana clássica, pois, "longe de ser invisível, a relacionalidade social, em sua própria fluidez, é o próprio objeto de comércio e troca"[38]. No capitalismo "pós-moderno", argumenta, o mercado teria invadido novas esferas até então consideradas domínio privilegiado do Estado,

da educação às prisões e à manutenção da lei e da ordem. Quando o "trabalho imaterial" (educação, terapia etc.) é louvado como um tipo de trabalho que produz diretamente relações sociais, devemos lembrar o que isso significa numa economia de mercadorias, isto é, novos domínios, até então excluídos do mercado, são mercantilizados. Quando temos um problema, não conversamos mais com um amigo, mas pagamos um psiquiatra ou consultor

---

[36] Slavoj Žižek, *Primeiro como tragédia, depois como farsa* (trad. Maria Beatriz de Medina, São Paulo, Boitempo, 2011), p. 117.

[37] As "relações entre pessoas" assumem a forma de "relações entre coisas".

[38] Slavoj Žižek, *Primeiro como tragédia, depois como farsa*, cit., p. 118.

A acumulação primitiva de dados e a "nova" tokenização do "velho" valor • 105

para resolvê-lo; nossos filhos são cada vez mais criados não pelos pais, mas por creches e babás etc. Portanto, estamos no meio de um novo processo de privatização do social, de criação de novos cercamentos.[39]

Diante do exposto, pode ser útil questionar: as transformações digitais que estamos vivendo representam uma *mudança de época* ou uma época de mudanças? Para o economista brasileiro Marcio Pochmann, não há dúvidas:

> Estamos diante de uma profunda mudança de época [...]. A alteração no modo de vida e trabalho atual não decorre de revolução industrial propriamente dita. Os bens manufaturados, embora sejam mais sofisticados, seguem sendo praticamente os mesmos ofertados desde o século passado. *A mudança de época atual transcorre pela força de inédito vigor da revolução tecnológica informacional*, que concentra o modo de produzir e de viver na unidade do processador computacional. Do avião à máquina de lavar, praticamente tudo, para funcionar, depende de processador computacional, capaz de transformar em dados adequados novos modelos de negócio e de relacionamentos humanos [...]. Nesta década de 2020, avança a segunda fase da revolução informacional, indicando o desaparecimento de dinheiro, bancos, mídia, entre outras características da época industrial vivida por nossos avós e pais. Assistiremos, possivelmente nesta época digital, à integração e à internalização do modo de produção na internet. O novo mundo virtual, cuja desigualdade é agigantada, estabelecerá o formato avatar de atuação econômica, social, política e cultural.[40]

Essa percepção é o pano de fundo que levou Žižek a argumentar que Marx não teria dado atenção suficiente para a dimensão social do "intelecto geral" – conhecimento e cooperação social destacados pelos teóricos do capitalismo imaterial – ao problematizar o conhecimento social geral no desenvolvimento do capital fixo. Ainda que se reconheçam as enormes diferenças entre Negri, Pochmann e Žižek, chama-nos a atenção o modo como convergem para a suposição de que o chamado trabalho imaterial consolida uma nova forma de exploração econômica – Pochmann fala em uma nova era –, cuja apropriação do valor se dá, principalmente, fora do âmbito produtivo.

O que sugerimos, a seguir, sem a pretensão de esgotar o debate, é uma inversão na formulação de Pochmann[41]: as novidades apresentadas pelas

---

[39] Ibidem, p. 121-2.

[40] Marcio Pochmann, "Mudança de época", [entrevista concedida a] Edições Sesc, *Sesc São Paulo*, 28 fev. 2022; disponível on-line, grifo nosso.

[41] Idem.

106 • Colonialismo digital

chamadas indústrias 3.0 e 4.0 expressam mais uma época de mudanças que uma mudança de época, ainda que as transformações apresentem novos desafios analíticos, políticos e sociais de toda ordem. Lamentavelmente, nossa época ainda é a capitalista, permeada pelos velhos meios de apropriação do valor. Mas há, indiscutivelmente, mudanças em nossa época que precisam ser observadas, caso se almeje uma verdadeira mudança de época. Mas essas modificações não vão na direção da generalização de um trabalho imaterial, produzido interativamente sob as novas configurações de um suposto "tempo real". Voltemos às perguntas que envolvem o chamado trabalho imaterial: existe algo que não seja real? Seria o virtual irreal? Qual é o lugar do *material* na chamada era do trabalho *imaterial*?

O assim chamado "tempo real" e a materialidade tangível do imaterial

A expressão "tempo real" é empregada geralmente para definir o caráter "instantâneo" da interação síncrona que a plataforma digital possibilita. Mas o curioso é que acaba por revelar aquilo que busca esconder[42]: como tratamos anteriormente, *o digital e o virtual também são reais* e, ainda que intangíveis, não podem subverter as leis conhecidas da física, especialmente naquilo que concerne ao tempo e ao espaço. Por mais intangível que seja determinada quantidade de bits, eles são produzidos por alguém e em algum lugar, a partir de determinada quantidade de energia e recursos materiais, e, quando transmitidos, trafegam sob meios materiais específicos para, depois, serem recebidos e armazenados em algum lugar físico (HD). Um movimento que, embora percebido como instantâneo, leva certo tempo e ocupa certo espaço no mundo físico tangível.

Embora sem sentido lógico e, sobretudo, material, "tempo real" é parte de um imenso glossário mitológico inaugurado pela ideologia do *capitalismo imaterial*. Ao nosso ver, "capitalismo de plataforma", "capitalismo imaterial", "sociedade da informação", "o dilema das redes", "tempo real", entre outros termos, ainda que contribuam para chamar atenção para a relevância e a novidade do problema, correm o risco de fetichizar as relações sociais ao perderem de vista a materialidade tangível das formas de produção, circu-

---

[42] Para uma crítica das dimensões ideológicas presentes na noção de "tempo real", ver Terezinha Ferrari, *Fabricalização da cidade e ideologia da circulação*, cit.

A acumulação primitiva de dados e a "nova" tokenização do "velho" valor • 107

lação e consumo capitalista em seu atual estágio, acelerado e intensificado pelas tecnologias informacionais. Como afirma Ferrari ao rebater a teoria da economia da informação:

> Dentro de fibras óticas, informações são codificadas em fluxos de bits e bytes. Fora das fibras, das linhas e dos cabos de transmissão, circulam concretamente enormes quantidades e fluxos de pessoas, motos, contêineres, mercadorias, serviços e tudo o mais gerado por uma intensa cooperação social entre seres humanos nos processos de trabalho. Estes fluxos mostram a todos o ritmo da vida cotidiana nas cidades hoje, cujo conteúdo econômico-social é definido em espaços e tempos produtivos historicamente construídos.[43]

Se estamos mesmo migrando de uma sociedade antropocêntrica para uma sociedade datacêntrica[44], cumpre lembrar que ambas emergem em uma sociabilidade cujo grande centro continua sendo a valorização do valor. A suposta "era informacional" segue, na verdade, pautada pelos velhos limites materiais de produção. A límpida e supostamente imaterial mineração de criptomoedas, embora dispense a impressão de cédulas enquanto mantém sua valorização crescentemente especulativa (D – D'), tem seu lastro garantido pelo fato de que o descobrimento de novos blocos depende do cálculo realizado por supercomputadores milionários criados especialmente para esse fim e reunidos em fazendas de mineração que consomem mais energia elétrica que alguns países europeus. Ao lado – e como condição de existência – da corrida entre a IBM e o Google pela chamada supremacia quântica de uma tecnologia computacional que supere a lógica binária dos supercomputadores atualmente existentes, há uma demanda crescente por minérios como o coltan, formado por columbita – de onde se extrai nióbio – e tantalita, pois são base para condensadores eletrônicos e supercondutores.

Além de incentivar a guerra civil no Congo, o imperialismo levou a uma nova configuração na região da fronteira congolesa-ruandesa[45]: há uma rede

---

[43] Ibidem, p. 75.

[44] Dora Kaufman, "Inteligência artificial: questões éticas a serem enfrentadas", *Cibercultura, democracia e liberdade no Brasil*, IX Simpósio Nacional ABCiber, PUC-SP, 2016.

[45] Principalmente na margem congolesa do Lago Kivu: "A região, nos últimos anos, tem sido palco de disputa entre Estados Unidos e França pelas reservas minerais dos dois países [Ruanda e Burundi]. A França passou a denunciar a presença norte-americana em Ruanda e Uganda desde 1995. Além de financiar o Exército ruandense,

intrincada de contrabandistas, corporações transnacionais e militares locais que ganha muito com o conflito, já que lucra não só com a exploração de minério, mas também com o comércio de armas. Esse aspecto foi um dos maiores fomentadores de conflitos étnicos entre Bahutu e Batutsi[46], e não (apenas) o suposto identitarismo nacionalista dos movimentos anticoloniais.

É importante destacar que, assim como o colonialismo belga incentivou o *divide et impera*, o imperialismo contemporâneo age no mesmo sentido, balcanizando a região, gerando conflitos interimperialistas entre França e Estados Unidos, que disputam as preciosas minas da região. O exército da Frente Patriótica Ruandesa (FPR) foi acusado de manter uma rede militar no Congo para explorar minerais estratégicos como o coltan, necessário na produção de tecnologia de ponta. As grandes necrocorporações começaram a financiar a guerra e o ódio interétnico para facilitar o saque do território congolês.

A complexidade das redes de exploração de minério é enorme: existem interesses estadunidenses, franceses, alemães e até mesmo cazaques, sem falar nos interesses dos países da região. Segundo a pensadora etíope Abeba Birhane[47], o continente africano sofre também uma investida colonialista em termos de imposição das tecnologias oriundas das big techs do vale do Silício. As inteligências artificiais e os algoritmos exportados para a África possuem seu *machine learning* fundamentado na racialização e nos valores culturais ocidentais, inibindo a produção autóctone. O controle da infra-

---

as empresas mineradoras norte-americanas contratam mercenários para treinar os soldados tutsi. De olho nas reservas de zinco, cobre e diamante, os Estados Unidos despejam material bélico na região [...]. Enquanto a França apoia os hutus, os tutsis assinam contratos cedendo o direito de exploração mineral às empresas mineradoras dos Estados Unidos. O Exército tutsi garante a elas uma força permanente de intervenção na defesa dos seus interesses. Prova disso foi a participação dos tutsis no golpe de Estado no Congo. Os tutsis, apoiados pelos norte-americanos, derrubaram um governo apoiado pela França". José Ernesto Melo, "Conflitos na África central: hutus e tutsis, os condenados da raça", em Luiz Dario Teixeira Ribeiro et al. (orgs.), *Contrapontos: ensaios de história imediata* (Porto Alegre, Folha da História/ Palmarinca, 1999), p. 87.

[46] Na língua do tronco bantu, o quiniaruanda, "Ba" significa plural e "Mu", singular. Assim, o plural de tutsi é Batutsi.

[47] Abeba Birhane, "Colonização algorítmica da África", em Tarcízio Silva (org.), *Comunidades, algoritmos e ativismos digitais: olhares afrodiaspóricos* (São Paulo, LiteraRUA, 2020).

A acumulação primitiva de dados e a "nova" tokenização do "velho" valor • 109

estrutura digital africana é efetivado por monopólios imperialistas como Meta (antigo Facebook) e Google, sempre defendidos por discursos que requentam a ideologia de *mission civilisatrice*: conectar os desconectados, "democratizar" o acesso a bancos e fintechs[48].

É professado um verdadeiro *evangelismo tecnológico*[49] em conferências como o CyFy África, realizado em Tânger, em 2019, onde o mantra de aceleração, "inovação" e crença inexorável no uso de IAs é promovido por governos, empresas e mídia. África: um continente rico em dados, que estariam ao livre dispor do colonialismo digital, assim como no passado o foco eram a terra e os minérios, além da força de trabalho africana.

> Equivalentes africanos das novas empresas de tecnologia do vale do Silício podem ser encontrados em todas as esferas possíveis da vida, em qualquer canto do continente – no "vale do Sheba" em Addis Abeba, no "vale de Yabacon" em Lagos e na "savana do Silício" em Nairóbi, para citar alguns. Eles buscam "inovações de ponta" em setores como bancos, finanças, assistência à saúde e educação. Estes são dirigidos por tecnólogos e setores financeiros, dentro e fora do continente. Esses tecnólogos e setores financeiros

---

[48] Idem.

[49] Abeba Birhane (ibidem, p. 169) busca compreender as (des)continuidades entre o colonialismo tradicional e aquele baseado em tecnologias digitais: "O poder colonial tradicional busca poder unilateral e dominação sobre as pessoas colonizadas. Declara o controle das esferas social, econômica e política, reordenando e reinventando a ordem social de uma maneira que o beneficie. Na era dos algoritmos, essa dominação ocorre não por força física bruta, mas por mecanismos invisíveis e diferenciados de controle do ecossistema digital e da infraestrutura digital. O colonialismo tradicional e o colonialismo algorítmico compartilham o desejo de dominar, monitorar e influenciar o discurso social, político e cultural através do controle dos principais meios de comunicação e infraestrutura. O limite entre corporações governamentais e tecnológicas está se tornando cada vez mais obscuro à medida que elas se entrelaçam e dependem umas das outras, no entanto, esse é um ponto importante que diferencia o colonialismo tradicional e o colonialismo tecnológico. Enquanto o primeiro é geralmente liderado por forças políticas e governamentais, o segundo é com frequência conduzido por empresas comerciais em busca de acúmulo de riqueza. A dominação política, econômica e ideológica na era da inteligência artificial assume a forma de 'inovação' tecnológica, 'algoritmos de ponta' e 'soluções orientadas pela IA' para problemas sociais. Essa forma de colonialismo tecnológico voltado para o lucro pressupõe que a alma, o comportamento e a ação humanos sejam matéria-prima livre para serem capturados. Conhecimento, autoridade e poder para classificar, categorizar e ordenar seres humanos recaem sobre os tecnólogos, para os quais somos meramente 'recursos naturais humanos'".

110 • Colonialismo digital

aparentemente querem "resolver" os problemas da sociedade e os dados e a IA aparentemente fornecem soluções ótimas.[50]

Birhane[51] ainda nos elucida sobre o exagero (*over-hype*) acerca do uso de IAs. Há muita preocupação com a "singularidade" e com a "superinteligência" que poderia se revoltar contra o ser humano, mas pouco se analisa o perigo real da racialização algorítmica, já que capitais como Campala e Johannesburgo implementam ferramentas de reconhecimento facial. O que queremos destacar aqui é a materialidade (tardo-neocolonial) que dá suporte àquilo que se tem nomeado imaterial. Vivemos um momento em que a inteligência artificial desafia as noções comuns de inteligência[52]: enquanto algoritmos imprevisíveis constroem redações, fórmulas matemáticas ou obras de arte a partir de poucos dados de entrada, os seres humanos têm transferido as chaves de sua casa, as senhas de seus investimentos, as lembranças visuais do filho caçula e até a intransigente agenda de trabalho para as grandes plataformas e seus aplicativos baixados em segundos por sofisticados computadores de mão.

Não apenas o hardware é real, como o software não escapa às leis conhecidas da física – ainda que não possamos tocar com as mãos um aplicativo. A memória virtual dos códigos binários que o fazem funcionar ocupa certo lugar no espaço do dispositivo, e seu funcionamento demandará o consumo de determinada quantidade de energia, que se dissipará entropicamente em dado tempo. O virtual, ainda que intangível, é um ente que tem como característica ontológica a abertura não presentificada à interação assíncrona.

Caberia nos perguntar se estamos testemunhando, com o advento de linguagens de programação como o Chat GPT, o momento preciso em que os algoritmos de inteligência artificial dão um salto ontológico da mera dissipação entrópica de energia para aquilo que Marcos Dantas nomeia, em diálogo com a termodinâmica, sistema neguentrópico, ou seja, aquele que objetiva negar a entropia (que tende inexoravelmente ao equilíbrio) na direção de uma homeostase possibilitada pela recordação de padrões (redundância) de eventos distintos (códigos) no fundo do ambiente, padrões esses que permitam "os graus de diferenciação necessários para a

---

[50] Ibidem, p. 172.

[51] Idem.

[52] Dora Kaufman, "Inteligência artificial: questões éticas a serem enfrentadas", cit.

extração dos sentidos ou significados contidos no evento transmitido por meio do código"[53].

É mais uma questão filosófica que técnica ou psicológica delimitar se a inteligência artificial já alcançou ou superou a inteligência humana. Talvez o que nomeamos como inteligência (artificial) seja apenas a resposta imprevisível, mas ainda entrópica e causal, de camadas profundas de processamento lógico de informação que já não podemos mais auditar por termos perdido de vista seus nexos causais. Ou talvez o sistema criado por nós esteja ganhando vida própria em uma existência ontológica que, embora não demonstre sinais teleológicos, aponte para um processamento telenômico de informação[54]. O espantoso ritmo do desenvolvimento tecnológico dos últimos anos indica, como foi com a descoberta da máquina a vapor ou da eletricidade, que a vida como a conhecemos está mais uma vez prestes a ser drasticamente alterada.

Não se tem certeza de em que direção essas mudanças, ainda iniciais, nos levarão, mas uma coisa é certa: inteligentes ou não, entrópicos ou telenômicos, antropocêntricos ou datocêntricos, é na catastrófica direção da expropriação e da valorização do valor que os algoritmos e as redes neurais têm se direcionado, ou melhor, têm sido direcionados. Este é o aspecto que exploraremos com mais precisão nas seções subsequentes.

O valor do intangível: não existe software sem hardware

Um dos exemplos mais utilizados para argumentar em favor da existência de uma "nova era informacional" – e, portanto, em favor de uma suposta desatualização da teoria marxista do valor – é a afirmação da existência de uma valorização do valor através de softwares e aplicativos, ou seja, fora da esfera produtiva-industrial. Analisaremos esse fenômeno propondo outra solução.

Imaginemos um estudante comum que compra um computador com muito custo e a volumosas prestações, pela Amazon, para poder assistir às aulas on-line durante a pandemia. Para seu desespero, descobre, ao abrir

---

[53] Marcos Dantas et al., *O valor da informação: de como o capital se apropria do trabalho social na era do espetáculo e da internet* (São Paulo, Boitempo, 2022), p. 22.

[54] A diferenciação entre telenomia, teleologia e causalidade foi apresentada no capítulo 1 deste volume.

o pacote, que o modelo já veio com o sistema operacional Windows, da Microsoft, mas não conta com o pacote Office, uma suíte de aplicativos, da mesma empresa, com programas de edição de texto, planilha e imagem. Supondo ainda que ele saiba da existência de outros pacotes gratuitos e não proprietários disponíveis na internet, como o Libre Office, mas já esteja habituado com os dessa empresa[55], ele baixa o programa e, em alguns passos relativamente rápidos, mas nem sempre tão simples, o instala em sua máquina, tendo de escolher, a partir de então, entre duas opções: 1) seguir utilizando os aplicativos "clandestinamente"[56] ou 2) se cadastrar na empresa para pagar pela licença de uso do pacote e continuar utilizando o produto. Na outra ponta do processo, um trabalhador altamente qualificado do ramo ajuda a desenvolver a nova versão do já mencionado pacote de aplicativos.

Não interessa, aqui, saber se essa pessoa é assalariada convencional, terceirizada, "dona" de uma startup ou se trabalha de bermuda em um ambiente ergométrico com poltrona colorida, apenas que sem seu dispêndio de energia durante determinado tempo, sem seu pôr teleológico em colaboração com outros desenvolvedores, o software seria inviável e não passaria de uma ideia na cabeça de alguém. Por mais que sejam intangíveis, *os softwares são produzidos pelo trabalho humano* – não dão em árvores –, a partir dos mesmos processos estranhados e alienados dos hardwares e seus componentes, mencionados na seção anterior. Há uma exploração do trabalho do programador por uma grande corporação, mas isso não parece explicar por completo o gigantesco lucro da Microsoft.

Slavoj Žižek, em um momento em que Bill Gates, CEO da mencionada empresa, era o ser humano mais rico do planeta, retomou seu exemplo para falar das novidades econômicas abertas pelo universo digital. Para ele, a teoria do valor, tal como pensada por Marx, não poderia captar a substancialidade das formas de acumulação próprias à indústria digital porque ignoraria, segundo ele, 1) a privatização do intelecto geral por essas empresas, 2) que essa privatização é possível porque os trabalhadores não se separam mais de seus meios de trabalho, o que caracteriza a alienação, e 3) que essa privatização representaria uma forma não produtiva de apropriação do valor.

---

[55] A imensa maioria dos cursos pagos de alfabetização digital adestra os estudantes apenas na linguagem desta empresa.

[56] Veremos, posteriormente, que o uso pirata também não é gratuito.

A acumulação primitiva de dados e a "nova" tokenização do "velho" valor • 113

Vejamos o caso de Bill Gates: como ele se tornou o homem mais rico do mundo? *Sua riqueza não tem nada a ver com o custo de produção das mercadorias* vendidas pela Microsoft (podemos argumentar até que a Microsoft paga um salário relativamente alto a seus funcionários). Não é resultado da produção de bons softwares a preços mais baixos que os de seus concorrentes, ou de níveis mais altos de "exploração" de seus funcionários. [...] Por que então milhões de pessoas ainda compram da Microsoft? *Porque ela conseguiu se impor como padrão quase universal,* monopolizando o setor (na prática), *numa espécie de personificação direta do "intelecto geral".* Gates tornou-se em duas décadas o homem mais rico do mundo apropriando-se da renda recebida por permitir que milhões de trabalhadores intelectuais participassem dessa forma específica de "intelecto geral" que ele conseguiu privatizar e controlar até hoje.[57]

Essa noção de *privatização do social* parece interessante para pensarmos as várias facetas do colonialismo digital. Há uma colonização geral de setores da vida social e privada, até então intocados pelo mercado, que se ampliou vertiginosamente com a emergência do big data. Em um país como o Brasil, está cada vez mais difícil comprar um medicamento ou uma escova de dentes em uma farmácia qualquer sem ter que fornecer dados pessoais como o CPF – e até a biometria –, que não se sabe ao certo para que serão usados em um momento em que os dados valem mais que petróleo. Mas é a dissociação entre renda e exploração que nos chama a atenção na formulação žižekiana:

Para entender essas novas formas de privatização, precisamos transformar criticamente o aparelho conceitual de Marx. Por negligenciar a dimensão social do "intelecto geral", Marx não considerou a possibilidade de privatização do próprio "intelecto geral", e é isso que está no âmago da luta pela "propriedade intelectual". Negri acerta neste ponto: dentro desse arcabouço, *a exploração no sentido marxista clássico não é mais possível,* por isso tem de ser cada vez mais imposta por medidas legais diretas, isto é, por meios não econômicos. Por isso, *hoje, a exploração assume cada vez mais a forma de renda.*[58]

Karl Marx, em *O capital,* especialmente na seção VI do Livro III, diferencia lucro, sublucro (lucro extra), renda diferencial, renda absoluta e renda de monopólio. Essa diferença, no entanto, tem como base uma divisão anterior no *valor gerado na produção* entre *trabalho necessário* (salário/capital variável) e *trabalho excedente* (trabalho não pago). Independentemente da

---

[57] Slavoj Žižek, *Primeiro como tragédia, depois como farsa,* cit., p. 122-3, grifos nossos.

[58] Ibidem, p. 122, grifos nossos.

114 • Colonialismo digital

fonte da renda, ela é sempre uma modalidade de distribuição de um valor que só pode ser gerado na produção.

É verdade que a renda fundiária (renda diferencial), por exemplo, pode ser alterada tanto por diferenças naturais de produtividade (uma terra mais fértil que outra ou condições climáticas favoráveis) quanto por diferenças de produtividade artificialmente obtidas (com uma técnica ou relação social particular). Mas, sem o trabalho humano sobre a terra, não há valorização do valor para ser apropriado em forma de renda. O caso do capital financeiro é semelhante. Dada quantidade de dinheiro só se converte em mais dinheiro (D – D') na bolsa de valores ou em um banco ou paraíso fiscal porque foi valorizada em algum processo produtivo.

O aumento da importância do capital financeiro no capitalismo[59] não elimina o fato de que o grande montante de capital dinheiro que circula no espaço virtual – percebido como não material[60] – foi produzido por alguém, em algum lugar e sob determinados processos de valorização que não podem prescindir, ainda que se deseje o contrário, da velha força de trabalho. Como lembra Ferrari:

> Certa vez, Marx respondia a um crítico (dos muitos) que dizia que a produção material não tinha o papel por ele atribuído na práxis humana, pois havia um contraexemplo óbvio: o Império Romano, dizia este crítico, vivia de saques. Ao que Marx retrucou: para haver o que saquear, é preciso que alguém produza; não é possível saquear o que não existe, portanto o que não foi produzido. O mesmo aplica-se ao lucro do circuito D – D'. Para além de especulações que ciclicamente se compensam, o valor apropriado pelo

---

[59] Fenômeno observado por Lênin em sua já mencionada obra *Imperialismo: estágio superior do capitalismo* (São Paulo, Boitempo, 2021).

[60] "Estes passeios do capital-dinheiro pelo ciberespaço (mais um espaço saudado como igualitário, quando é, em síntese, um artifício para as metamorfoses do capital na esfera da circulação) permitem imensos lucros aos acionistas sem os riscos inerentes aos investimentos produtivos. O ciberespaço é o espaço *imaterial* potencializador da operação dinheiro gerar mais dinheiro sem os riscos da produção. Tal qual o dinheiro do capital-rentista emprestado para governos de países pobres a juros absurdamente altos. Juros que serão pagos com a segurança do sistema monetário internacional: D – D' puro sem intermediários, pelo menos para alguns. [...] Sobras e provisões de caixa da operação industrial de uma empresa que pertença a um grupo do capital financeiro mundializado podem ser usadas para aplicações no outro lado do mundo, enquanto é noite na empresa. Isto significa um passeio de milhões de dólares no ciberespaço, percebido como o espaço do não material." Terezinha Ferrari, *Fabricalização da cidade e ideologia da circulação*, cit., p. 107.

A acumulação primitiva de dados e a "nova" tokenização do "velho" valor • 115

capital financeiro é produzido através da única fonte possível sob as relações de produção capitalistas: a apropriação de tempo de trabalho excedente. Para que o capital financeiro possa apropriar-se de valor, este teve de ser produzido em algum lugar do planeta.[61]

Mas voltemos à questão da privatização, mencionada por Žižek. No capítulo 25 do Livro I de *O capital*, Marx explica que a *expropriação do trabalhador* foi o grande segredo da chamada acumulação primitiva de capitais na Europa. Nesse momento, a contradição viva entre forças produtivas e relações de produção, expressa na privatização de terras comuns e na expulsão dos camponeses de seus territórios, resultou no "aniquilamento da propriedade privada fundada no trabalho próprio"[62], forçando a criação violenta de uma superpopulação relativa de trabalhadores. Assim como demonstrado no caso da violência colonial, o grande alerta de Marx é que a expropriação, enquanto privatização, não ficou para trás na história do capitalismo e avança para todas as instâncias da vida.

Nesta mesma linha, Virgínia Fontes[63] argumenta que as expropriações são a base social do capitalismo porque retiram dos "seres sociais suas condições de existência e as convertem em capital", mas propõe pensarmos em termos de expropriações *primárias* e *secundárias*. As primárias seriam essas descritas por Marx no momento inicial do capitalismo e que, segundo ela, permanecem em alguns territórios do globo terrestre até os dias atuais; as secundárias, caracterizadas pelo capital imperialismo, são pautadas pela expropriação de direitos em todas as ordens da vida.

A gente sempre pensa no Linux imitando o Windows, mas é o contrário: um belo dia, um jovem nerd de garagem patenteou um conjunto de códigos que era produzido colaborativamente e passou a cobrar pedágio pela sua reprodução, chegando depois a ser o homem mais rico do mundo. No período em que emergiram as tecnologias da informação (TICs), o capital já se encontrava em um alto estágio de desenvolvimento. A contradição entre valor de uso e valor de troca, que caracteriza a indústria moderna, se elevou a um nível jamais visto nas últimas décadas e colocou a humanidade em um momento decisivo. O big data permite uma apropriação privada de novas frações do intelecto geral para as velhas finalidades de valorização do valor,

---

[61] Ibidem, p. 149.

[62] Karl Marx, *O capital*, Livro I, cit., p. 844.

[63] Virgínia Fontes, "A transformação dos meios de existência em capital", cit., p. 10.

116 • Colonialismo digital

e isso, lamentamos muito, não desatualiza a teoria do valor, mas nos obriga a estar atentos às mudanças reais no mundo concreto.

Por isso, soa estranha a afirmação de Žižek de que a importância da renda nas formas contemporâneas de exploração exija a revisão do referencial teórico marxista quando esse mesmo referencial considera a renda como uma das modalidades possíveis da valorização do valor. Mas isso ainda não explica como se dá a valorização do valor no caso dos softwares. A afirmação de Žižek é que a riqueza de Bill Gates "não tem nada a ver com o custo de produção das mercadorias" ou com os "níveis mais altos de 'exploração' de seus funcionários", nem é "resultado da produção de bons softwares"[64], dando a entender, portanto, que seu segredo estaria na esfera da *circulação*, ou seja, na renda obtida *fora da produção* pela privatização do intelecto geral do trabalhador.

Essa visão é relativamente compartilhada pela economista brasileira Leda Maria Paulani. Embora descarte essa separação entre produção e renda, que remonta à escola da economia da informação, e se aproxime mais da análise de David Harvey, Paulani identifica o processo produtivo como gerador de um valor ampliado que será posteriormente distribuído em algum tipo de ganho por renda. Ela reconhece que a *informação* (conhecimento) não aparece na produção do valor (*valor excedente*), ainda que esteja presente nas técnicas e habilidades do trabalhador ou materializada nas máquinas e ainda que seu emprego, como mercadoria, não seja novidade na indústria informacional:

> A resposta, dada por Marx, é que o valor das mercadorias é determinado não pelo tempo de trabalho necessário à sua produção, mas pelo tempo de trabalho necessário à sua reprodução. Assim, o valor de uma máquina não contém nenhum elemento relativo ao custo do saber que engendrou sua invenção, mas tão somente o custo das matérias-primas e outros insumos correntes, mão de obra e depreciação de capital fixo envolvidos em sua fabricação, uma vez já inventada. De mais a mais, a crescente incorporação do conhecimento à produção ocorre sempre com vistas à obtenção de um mais-valor extra (sobrelucro), o que passa pela redução do valor das mercadorias, de modo que seria uma contradição em termos se esse valor aparecesse diretamente.[65]

---

[64] Slavoj Žižek, *Primeiro como tragédia, depois como farsa*, cit., p. 122-3.

[65] Leda Maria Paulani, "Acumulação e rentismo: resgatando a teoria da renda de Marx para pensar o capitalismo contemporâneo", *Revista de Economia Política*, v. 36, n. 3, jul.-set. 2016, p. 530; disponível on-line.

A acumulação primitiva de dados e a "nova" tokenização do "velho" valor • 117

Paulani[66] afirma que a grande novidade do capitalismo, nas últimas décadas, não é a privatização do conhecimento geral, como sugere Žižek, mas a existência de mercadorias feitas apenas pela informação: o software. No entanto, essa mercadoria, segundo argumenta, tem características diferentes das outras: ela tem preço, mas não valor. Assim, o lucro que se obtém com sua venda não teria sido gerado na produção do software, e sim a partir da renda de sua venda. Não há, segundo a autora, uma produção de valor acima do que seria necessário para realizar os preços de produção, mas, sim, a propriedade intelectual do software, que, tal como no caso da propriedade fundiária, lucraria com a renda.

> Cabe então perguntar: o que é um software, ou produtos correlatos a esse, que empresas como a Microsoft e a Google vendem aos milhares todos os dias? É algo que tem a forma mercadoria, pois *tem um preço* e o acesso a ela depende do pagamento desse preço, *mas que não tem valor, pois o tempo de trabalho necessário à sua reprodução é zero*. Qual é o fundamento desse preço então? *Seu fundamento é uma renda do saber*, uma renda absoluta, que, tal como a renda absoluta da terra que Marx diagnosticou, fundamenta-se pura e simplesmente na existência da propriedade.[67]

Para ela, a natureza intangível e abundante do software faz com que ele não tenha valor. Seu caráter livre – diferente de um computador ou de um celular, o software pode ser infinitamente replicado – significaria que, portanto, não deveria ter preço. No entanto, quem detém a propriedade intelectual (copyright) desse *conhecimento* é autorizado a lhe colocar um preço, cobrar um pedágio e arrendar seu uso, subtraindo-o "à produção de outros bens (ou à sua utilização como bem final) se uma renda não lhe for paga"[68]. Mas há um possível problema nessa formulação: se a intangibilidade do software permite que ele não tenha preço, ainda que seja anomalamente precificado pelo big data, o que dizer de seu valor? Paulani defende que o software não contém valor porque não seria preciso trabalho para produzi-lo, ou melhor, "o tempo de trabalho necessário à sua reprodução é zero"[69].

Essa afirmação também soa estranha. É verdade que os softwares se produzem a partir de um intelecto geral colaborativo e que sua rentabilização

---

[66] Idem.

[67] Idem, grifos nossos.

[68] Idem.

[69] Idem.

118 • Colonialismo digital

posterior se dá por um processo de apropriação intelectual, seguida de um pedágio por sua replicação[70]. No entanto, o software não aparece no hardware sem que alguém o instale. Sozinho ou colaborativamente, o programador que mencionamos no início desta seção dispendeu energia durante certo tempo (de trabalho) no planejamento, no desenvolvimento, na correção de bugs e na manutenção de seu ativo. Se isso não é trabalho, o que mais poderia ser enquadrado como tal? Apenas aquele que se materializa nas fábricas? Ainda que um aplicativo possa ser programado por outro programa e/ou algoritmo, há trabalho humano em sua origem, desenvolvimento e manutenção – um trabalho árduo e altamente qualificado que parece desafiar essa noção de "tempo zero de trabalho".

Também poderíamos refletir sobre os limites da noção de bem intangível como algo destituído de materialidade. Embora um sistema digital se valha de valores discretos (descontínuos) para representar abstratamente (de forma intocável) determinada informação, sua existência não pode prescindir de dispositivos de transmissão, processamento e armazenamento, que organizam pulsos elétricos de determinada maneira em algum lugar, durante certo tempo e mediante certo emprego de energia.

Os bits – simplificação para "dígito binário", ou *binary digits* – são unidades de medida de informação que podem ser armazenadas, transmitidas ou combinadas de tal forma que permitam guardar instruções, códigos e padrões sujeitos a todas as leis conhecidas da física para pulsos elétricos. Do contrário, não teríamos limites para seu armazenamento ou sua transmissão. Quem já usou internet de pulso para baixar o código de uma simples fotografia ou teve que trocar o aparelho de celular por falta de memória vai perceber facilmente que essa abstração não se separa de seus meios materiais de existência. *O digital também é real*, dada sua integração mundial descentralizada, um nível de colaboração jamais visto na história da humanidade.

---

[70] A noção de propriedade intelectual não é natural. Ela surge com o desenvolvimento dos monopólios aos impressores de livros entre os séculos XVII e XVIII. É desse período a "invenção do copyright, da propriedade intelectual e dos direitos de autor. Antes disso, havia, claro, produção de livros, desenhos, pinturas, esculturas, peças teatrais sendo feitos e postos em circulação para diferentes públicos, mas não havia um consenso de que essas obras circulariam em troca de uma certa quantia, que seria paga ao seu dono, ou a quem as produziu". Leonardo Foletto, *A cultura é livre: uma história da resistência antipropriedade* (São Paulo, Autonomia Literária, 2021), p. 19-20.

A acumulação primitiva de dados e a "nova" tokenização do "velho" valor • 119

De todo modo, a apropriação privada desse produto social-colaborativo no campo da circulação, para fins de arrendamento de seu acesso, é uma das maiores violências do capitalismo. Mas há outro elemento ainda oculto nessa equação. O que nos impede de pensar a programação como trabalho é uma visão restrita que identifica, em primeiro lugar, trabalho com trabalho alienado e, em segundo lugar, trabalho com produção fabril. Essa identificação é problemática porque perde de vista o caráter fundante do trabalho para a gênese do ser social. Não se trata de o trabalho ser central ou periférico, mas da mediação singular e articulada que se dá entre a teleologia e a causalidade. Segundo o filósofo húngaro György Lukács, o trabalho é uma resposta concreta a determinadas necessidades, mas não é uma resposta irrefletida, pois contém em si momento ideal (prévia ideação/teleologia).

Esse pôr teleológico só se objetiva a partir da transformação do mundo em algum grau. Há uma materialidade no mundo exterior que precisa ser apropriada – e também considerada nas escolhas desse pôr teleológico. O que faz com que o próprio ato de apropriação implique a revisão e adequação da prévia ideação em um processo infinito de ampliação do conhecimento do mundo e ampliação das capacidades produtivas. O trabalho permitiu ao ser humano deixar de ser exclusivamente animal e ir ampliando, infinita e colaborativamente, seus próprios pressupostos. No capitalismo, porém, o processo de produção é invertido e submetido à lógica do capital. O trabalho é reduzido ao emprego, e o produto do trabalho humano, cada vez mais privatizado. Assim, a riqueza é reduzida ao dinheiro, e o trabalho, agora industrializado, submetido à valorização do capital.

Mas é falso que o trabalho industrial seja a única forma de trabalho, assim como nos parece estranho afirmar que a renda na venda do software esteja deslocada da esfera da produção. Consideremos o contexto em que essa afirmação aparece. Ao criticar a economia política burguesa, Marx indica as "determinações reflexivas" entre as esferas de produção, circulação e consumo. A categoria "determinações reflexivas" destaca o caráter reciprocamente determinado dessas esferas: ainda que a esfera produtiva tenha maior peso na articulação das outras duas, ela não deixa de ser composta e determinada por elas. Há circulação e consumo na produção de algo, assim como o que acontece na esfera da circulação exercerá influência sobre a produção e o consumo, e vice-versa. Elas são distintas e têm pesos diferentes na sociedade capitalista, mas se determinam mutuamente.

120 • Colonialismo digital

Desde a industrialização, a fábrica se configurou como o grande espaço produtivo, e a produção de mercadorias foi ficando cada vez mais restrita ao espaço fabril. O fordismo/taylorismo inaugurou uma nova era para a produção fabril e, em consequência disso, foi forçando gradativamente – e não sem resistências e caminhos particularmente diversos – o conjunto da sociedade a se adequar a suas necessidades. Criaram-se estradas para permitir a circulação de seus carros, modelos consumistas de felicidade para vender seus bens duráveis, escolas-fábricas para formatar sujeitos estandardizados e acríticos, mas também certa noção de Estado, instituições e ideologias para gerir as diversas contradições que a padronização enlatada provocava. Ainda assim, havia uma separação entre o "mundo do trabalho" (aqui reduzido à fábrica ou aos diversos ramos de trabalho que a circundam) e o mundo privado: o mundo da vida. Também no plano da chamada sociedade civil, a própria cidade (como território que encarna o que é público) chegou a ser pensada como espaço de bem-estar social.

Esse arranjo socioprodutivo se desmantelou – embora não por completo – com uma intensa crise de produção, entre as décadas de 1960 e 1980. A resposta capitalista para ela foi um projeto de reestruturação produtiva que exigiu paralelamente, a seu turno, uma série de esforços na direção de uma reestruturação institucional, política, ideológica e social adequada a seu funcionamento. É esta a origem da ideologia neoliberal e também de uma crise de paradigmas das ciências sociais a partir da dúvida sobre a centralidade da luta de classes para a arena política. Nesta altura, enquanto esse novo arranjo produtivo exigia intensas sofisticações nas técnicas logísticas, a Guerra Fria impulsionava avanços sem precedentes – de início defensivos e militares – no campo das telecomunicações.

Foi na tentativa de captar a essência dessas transformações que surgiu a já comentada escola da economia da informação, mas também uma série de outras teorias que, guardadas as diferenças, se baseavam nos seguintes pressupostos: 1) estaríamos entrando numa nova era informacional, pós-fordista e/ou pós-moderna e até pós-capitalista; 2) a valorização do valor se daria pelo conhecimento ou pela informação, não pela produção; 3) a financeirização do capital implicaria a perda da importância do capital industrial; e 4) a classe trabalhadora (entendida como operário fabril) estaria desaparecendo, sendo substituída por máquinas automatizadas.

A socióloga brasileira Terezinha Ferrari, em *Fabricalização da cidade e ideologia da circulação*, propôs outro caminho para o entendimento desses

A acumulação primitiva de dados e a "nova" tokenização do "velho" valor • 121

novos arranjos, que é, paradoxalmente, voltar às "velhas" bases da crítica da economia política de forma que seja possível apreender no próprio movimento do real (o processo produtivo) o que permanece e o que se transforma em relação aos períodos anteriores. As conclusões a que chegou nos parecem as mais profícuas para o entendimento do nosso objeto. Em seu estudo, Ferrari demonstra a fragilidade das teorias da nova era econômica ao perderem de vista algumas mediações fundamentais aos caminhos históricos de valorização do valor.

O que ela demonstra, em primeiro lugar, é que as tão comentadas transformações no processo produtivo mudaram tudo para preservar e fortalecer ainda mais o mesmo processo de exploração do tempo de trabalho. O desenvolvimento tecnológico (trabalho morto) das últimas décadas permitiu o aumento dos ritmos do processo de trabalho ao mesmo tempo que, de fato, expulsou sua única fonte de valor, a força de trabalho (trabalho vivo). Aqui reside a questão central: o conjunto de procedimentos e meios técnicos implantados, nomeados por ela de *just in time*, permitiu ao capital certa gestão das tendências e "contratendências [que] estão na base da dinâmica da chamada reestruturação produtiva e institucional imposta pelo capital", fabricalizando as cidades e permitindo "abrangentes e múltiplos fluxos de mais-valor" que percorrem amplos "territórios econômicos"[71].

Em outras palavras, as técnicas *just in time* que acompanharam a intensa complexificação dos processos produtivos permitiram que o enxugamento das fábricas – em relação a seus estoques, mas também à força de trabalho – fosse acompanhado da concomitante ocupação fabril do espaço urbano e da inclusão de suas malhas viárias no tempo de produção e valorização do capital. Assim, toda a sociedade é convocada (inclusive trabalhadores não industriais e os desempregados), mesmo que à revelia, a participar do processo produtivo. Não é que a classe trabalhadora ou a produção industrial estejam desaparecendo, sugere Ferrari[72], e sim que o desenvolvimento técnico e tecnológico agora permite a apropriação do tempo excedente inclusive fora da fábrica, gerando, assim, uma aceleração do tempo de rotação do capital[73].

---

[71] Terezinha Ferrari, *Fabricalização da cidade e ideologia da circulação*, cit., p. 99.

[72] Idem.

[73] O tempo de rotação é a unidade composta pelo tempo de produção e pelo tempo de circulação. Quanto menor for o tempo de rotação de um dado capital, maior será sua velocidade de rotação. Tempos de rotação menores significam, pois, velocidades

122 • Colonialismo digital

Esse novo arranjo logístico (*just in time*) insere elementos próprios da esfera da circulação no processo produtivo, gerando novas possibilidades de apropriação dos tempos de trabalho, que incluem até mesmo o trabalhador expulso de seu posto, a partir de uma participação não paga no processo produtivo. Para não dizer que nos distanciamos do tema proposto: o software é trabalho – no sentido marx-lukacsiano –, mas um trabalho que produz um bem intangível passível de ser um bem tanto de produção quanto de consumo. Há, de fato, uma apropriação privada do conhecimento humano historicamente acumulado no processo de privatização do trabalho colaborativo. Mas, antes de essa privatização aparecer na circulação, ela já está presente no próprio processo de trabalho que produz o software. Seja um trabalhador assalariado, um terceirizado, seja um pequeno empreendedor de uma startup, o programador é um trabalhador alienado que produz aquilo que interessa às big techs, mesmo quando seu especializadíssimo fazer criativo assume tons artesanais ou artísticos.

De fato, a big tech, agora proprietária, pode lucrar com a "renda do saber" (renda absoluta), mas não inteiramente, como sugeriu Paulani[74]. Para que a Microsoft lucre com a renda do Office que nosso estudante pretende usar, alguém precisa "baixar" o programa em uma máquina, mesmo que sob cliques supostamente intuitivos e rápidos; ao baixar e instalar o pacote, o usuário participa, ainda que à revelia, do processo produtivo como trabalhador não pago da Microsoft. Se esse processo de instalação só fosse feito por um técnico qualificado, poderíamos supor que ele faz parte da cadeia produtiva de montagem e preparação de computadores, ainda que não estivesse vinculado a essa ou aquela fábrica.

Um técnico em informática, provido de sua força de trabalho, empregada por certo tempo, a partir de determinado dispêndio de energia e saberes prévios na área, é um trabalhador. Mas o emprego capitalista do desenvolvimento tecnológico informacional tem permitido uma relativa subtração entre parcelas de trabalho necessário (pago) e trabalho excedente (não pago), a partir da partilha cooperativa do primeiro, não apenas com a sociedade, na

---

de rotação maiores. Pois bem, o aumento na velocidade da rotação permite – graças a novas técnicas logísticas, como o *just in time* – que o capital se aproprie de uma taxa maior de mais-valor, já que não é a circulação que produz mais valor, mas ela otimiza a sua produção e a sua apropriação. Idem.

[74] Leda Maria Paulani, "Acumulação e rentismo", cit.

A acumulação primitiva de dados e a "nova" tokenização do "velho" valor • 123

esfera da circulação, como sugeriu Ferrari[75], mas também com os indivíduos na condição de consumidores individuais (usuários). Essa possibilidade já foi estudada nas práticas de autoatendimento bancário, por exemplo.

Sem a pretensão de esgotar o debate, podemos dizer que nossa hipótese é a de que o conhecimento continua não comparecendo na geração e apropriação de mais-valor – a não ser indiretamente –, mas as TICs permitem, no caso da produção, circulação e consumo do software, um partilhamento não combinado do trabalho não pago a partir de um inédito e promíscuo casamento entre formas de apropriação presentes nas esferas da circulação e da produção.

A economia dos dados

O colonialismo digital comparece, também, em sua versão mais restrita – o colonialismo de dados – na oferta de fartas informações, padrões e algoritmos que permitem gerir e adequar a vida urbana ao conjunto de técnicas e procedimentos nomeados por Ferrari como *just in time*.

A velocidade de entrega das mercadorias da Amazon ou o tempo de deslocamento de um carro de aplicativo dependem de um complexo processo de captação de dados que permite gerir e até prever, com precisão cada vez maior – mas nunca absoluta –, a oferta e a demanda por produtos e serviços. O big data é fundamental ao *just in time*. No caso da Uber, as chamadas "uberização" e "plataformização" se dão pela extração de mais-valor absoluto com jornadas de trabalho desumanas, sendo que o trabalhador, agora, deve entrar também com grande parte dos meios de produção: o veículo, o combustível, a manutenção do carro, o smartphone. A empresa entra com o aplicativo e seus algoritmos.

Sob a ideologia da flexibilização, a ofensiva neoliberal destruiu os direitos dos trabalhadores, criando as bases para a uberização das relações de trabalho. "Não existiria Uber sem as décadas de afrouxamento das legislações trabalhistas ao redor do mundo", da mesma forma que, segue Morozov, "não haveria Airbnb sem décadas de política econômica incentivando os cidadãos a considerar seus imóveis residenciais como ativos"[76]. O que está

---

[75] Terezinha Ferrari, *Fabricalização da cidade e ideologia da circulação*, cit.

[76] Evgeny Morozov, *Big tech: a ascensão dos dados e a morte da política* (trad. Claudio Marcondes, São Paulo, Ubu, 2018), p. 7-8.

em jogo é a possibilidade de incluir cada vez mais coisas e relações na lista de "investimentos lucrativos que um dia poderiam compensar a eventual insuficiência de instituições anteriores, como o Estado de bem-estar social"[77].

Mas a participação do big data na valorização do valor não se encerra aí. Já comentamos que 63% da receita da Amazon não provém do varejo físico ou virtual, mas do serviço de cloud computing e hosting. O caso da Uber e de outras plataformas de compartilhamento como o Airbnb e derivados não é diferente. Em muitos dos aplicativos que tornam esse compartilhamento possível, encontramos não somente a exploração do trabalho alheio, como também a mineração, nem sempre autorizada, de dados gerados por usuários[78]. Para o motorista da Uber, por exemplo, essa "quilometragem morta" não gera ganhos, ela é totalmente apropriada pela plataforma. E esses dados e metadados sobre trânsito, vias, condição de estradas etc. são todos comercializados.

Esse aspecto sugere a abertura de novas sendas pelas quais o valor pode ser valorizado. Cabe investigar mais detidamente como esses processos de valorização se dão no caso da chamada mineração de dados. Nossa hipótese é a de que os dados não são apenas conhecimentos em si, mas ativos intangíveis e comercializáveis, desde que minerados. Vale lembrar, como mencionam Couldry e Mejias[79], que um dado não é a lista de compras que anotamos em um papel para ir ao supermercado, mas sim a inserção dessa lista em um aplicativo do Google utilizado no aparelho celular.

O grande problema do colonialismo de dados, no entanto, não é a inserção voluntária de informações em um aplicativo, e sim o fato de que eles são programados algoritmicamente para coletar e cruzar informações com ou sem o consentimento do usuário, a fim de mapear padrões e perfis de comportamento e, em seguida, vendê-los a quem possa pagar ou utilizar essas informações para induzir determinadas práticas de consumo – ou mesmo determinado comportamento político. Como descrevem Couldry e Mejias,

> o conceito de "dados" não pode ser separado de dois elementos essenciais: a infraestrutura externa em que são armazenados e a geração de lucro a que

---

[77] Ibidem, p. 8.

[78] Ver "O efeito do big data no sucesso da Uber", *Blog da SAP Brasil*, 13 out. 2015; disponível on-line.

[79] Nick Couldry e Ulises Mejias, *The Costs of Connection: How Data Is Colonizing Human Life and Appropriating It for Capitalism* (Stanford, Stanford University Press, 2019).

A acumulação primitiva de dados e a "nova" tokenização do "velho" valor • 125

se destinam. Em suma, por dados entendemos os fluxos de informação que passam da vida humana em todas as suas formas para as infraestruturas de recolha e processamento. Esse é o ponto de partida para gerar lucro a partir dos dados. Nesse sentido, os dados abstraem a vida convertendo-a em informação que pode ser armazenada e processada por computadores e se apropria da vida convertendo-a em valor para um terceiro.[80]

Há um farto investimento no desenvolvimento da infraestrutura necessária para a extração de lucro da vida humana por meio de dados: "O Império das Nuvens está sendo implementado e ampliado por muitos players, mas principalmente pelo setor de quantificação social"[81]. Embora desenvolvidas exatamente para atingir determinados fins, as tecnologias (de mineração de dados) são mercadorias vendidas a altos preços em toda parte. É possível dizer que elas estão presentes em qualquer grande empreendimento capitalista. Da pesquisa de mercado para a abertura de uma empresa à tentativa de influenciar dada eleição em qualquer lugar do mundo, das tecnologias epidemiológicas contra o novo coronavírus, na Coreia do Norte ou na China, ao *sharp power* e ao boicote em massa das principais big techs à Rússia por causa da guerra na Ucrânia, a extração, a análise em massa e a utilização dos dados têm se apresentado um dos negócios mais lucrativos de nossa época.

Sugerimos, portanto, pensar na economia de dados em um triplo movimento: 1) eles viabilizam o poder gerencial da logística social *just in time* ao permitir uma previsibilidade muito mais precisa das tendências de consumo e circulação, diminuindo, portanto, ainda mais o tempo de rotação que separa a produção e a venda, e ampliando, portanto, a taxa de lucro; 2) Os dados capturados por processos de mineração dependem de mineiros informacionais altamente qualificados treinando algoritmos ou moderando o aprendizado profundo de máquinas no interior do big data. Há um processo de exploração aqui que, embora extremamente automatizado, não pode prescindir da força de trabalho; 3) A mineração de dados oferece subsídios invasivos e persuasivos explícitos ou ocultos que têm por objetivo influenciar determinadas práticas (políticas ou de consumo).

Há, neste terceiro movimento, uma indução algorítmica intencional e panóptica, embora não centralizada em um único Big Brother. Porém, tal como um buraco negro devorador de estrelas, o big data se torna ainda maior

---

[80] Ibidem, p. xiii (prefácio).

[81] Idem.

quanto mais é alimentado pelos próprios "usuários". Quanto maior o tempo em que é usado, maior a quantidade de dados que expropria e maior seu valor no mercado. O tempo de permanência do usuário no app é um indicador monetizado pelas plataformas na hora de venderem seus serviços de indução a possíveis anunciantes. Para intensificar essa alimentação, muitos aplicativos têm gamificado sua interface ou emulado o ambiente das chamadas redes sociais, de forma a aumentar o tempo de uso e a dependência do usuário.

A questão, que desafia as antigas práticas coloniais de extrativismo, é que o usuário, frequente ou esporádico, acaba sendo copartícipe na mineração de si. Não se trata de um autoexecutável espião que se aloja ocultamente em um aparelho após a abertura de um vídeo pornô infectado ou de um e-mail malicioso, mas de um app útil ou divertido, prenhe de valor de uso, que manipula o acesso para que o próprio usuário o alimente. A dúvida que fica para a crítica roedora dos ratos e dos *mouses* é se podemos pensar aqui na participação não consentida do usuário como trabalho não pago na mineração da própria vida.

8
LOW LIFE, HIGH-TECH, NECROPOLÍTICA E CIBERGUERRA

"Arquette revela então o verdadeiro propósito secreto dos implantes Mass: alterar a aparência visual dos humanos perseguidos para fazê-los parecer zumbis assustadores, alterar suas vozes para soar como grunhidos monstruosos sem sentido, para diminuir os cheiros de sangue e apagar seletivamente certas memórias. O Mass é usado pelos militares para desumanizar a aparência do inimigo, permitindo que os soldados os matem de forma mais eficiente e sem remorso. Stripe, afinal, trabalha para um programa global de eugenia para 'proteger a linhagem' humana, algo que aceitou passivamente."

Charlie Brooker, "Men against Fire"

"Men against Fire" (traduzido no Brasil como "Engenharia reversa") é o quinto episódio da terceira temporada da série de ficção científica *Black Mirror*. Escrito por Charlie Brooker e dirigido por Jakob Verbruggen, o episódio, lançado em 2016, descreve um futuro pós-apocalíptico em que soldados de uma organização militar são equipados com implantes neurais (Mass), que ampliam sua percepção da realidade – lentes de contato equipadas com visão noturna e localização via satélite, além de controle dos sentidos, da memória e dos sonhos – para exterminar um monstruoso e ameaçador grupo inimigo, nomeado por eles de "baratas". Em um confronto mortal durante uma missão, o soldado Stripe tem seu implante danificado por um feixe de led e começa a suspeitar que o inimigo monstruoso poderia ser, na verdade, composto de humanos como ele, levando-o a enfrentar uma intensa crise ética e a tentar ajudar seus supostos inimigos.

Ao ser preso por essa traição, Stripe recebe indignado a confirmação de seu superior de que as baratas são apenas seres humanos eleitos para serem exterminados em uma política eugênica. A explicação de seu superior retoma o argumento do general S. L. A. Marshall em seu livro *Men against*

Fire: The Problem of Battle Command (1947). No livro, cujo título inspira o nome do episódio, o general afirma que 75% dos soldados naquela época se recusavam, por questões éticas, a acertar o tiro nos soldados inimigos porque se reconheciam neles. Escutamos que o índice de desperdício de tiro só diminuiu na Guerra do Vietnã (1959-1975), na qual o inimigo não era reconhecido como igual, e isso diminuía o remorso dos atiradores. Então, na série, desenvolveram uma lente que alterava a percepção dos soldados para que eles pudessem matar sem que emergisse uma crise ética. Será que o Mass está tão distante assim?

Ainda que os elementos essenciais que constituem o capitalismo não tenham sido superados pelas novas dinâmicas sociais contemporâneas, é fato a ocorrência de profundas mudanças socioeconômicas de organização e controle por meio do capital do trabalho social[1], reconfigurando as expressões de poder, dominação e, consequentemente, de resistência a partir da imposição de um ritmo de vida adequado à circulação de mercadorias.

O advento da Indústria 3.0 foi marcado por assombrosas inovações tecnocientíficas e informacionais. A introdução das tecnologias do campo das telecomunicações, da informática e da robótica nos processos produtivos não apenas intensificou as possibilidades de expropriação e acelerou ainda mais os ritmos produtivos como também converteu as vias públicas de circulação em grandes esteiras estendidas entre uma fábrica e outra[2].

O controle bélico, político, cultural e, sobretudo, financeiro operacionalizado pelos países imperialistas, em benefício de seus oligopólios, se aperfeiçoa a partir de uma complexa teia hierárquica com decisivas consequências tecnológicas, especialmente nestes tempos de vanguarda NBIC (nanotecnologia, biotecnologia, informação e ciência cognitiva), em que a ciberguerra, ou seja, a guerra travada no ciberespaço, tem um papel fundamental.

Atentos a essas alterações anatômicas, mas nem sempre a par das permanências históricas e mediações sociais concretas por meio das quais se constituem a produção e a reprodução do metabolismo social capitalista, diversos estudos têm se limitado a descrever seus efeitos aparentes, sem explicitar as mediações que atravessam o objeto estudado. O caso das novas tecnologias digitais é exemplar de um campo rico em análises que muitas

---

[1] Terezinha Ferrari, *Fabricalização da cidade e ideologia da circulação* (São Paulo, Outras Expressões, 2012).

[2] Idem.

Low life, high-tech, necropolítica e ciberguerra • 129

vezes chegam a tratar a guerra como um ente *per se*, deslocada das bases materiais que a geram e que atuam na transformação de suas dinâmicas.

Por vezes, a carência de algumas mediações fundamentais ou a recusa epistemológica por uma abordagem dialética fazem com que o "novo" constatado seja tomado como *superação* do "velho", quando, na verdade, configura-se mais como *intensificação* e *aceleração* do que já existia[3], ainda que sob novas formas de aparição. Este é o caso dos estudos que relacionam dominação, guerras e tecnologia.

Passados mais de vinte anos desde o ataque ao World Trade Center, em Nova York, e, sobretudo, da publicação de *Império*, de Michael Hardt e Antonio Negri, por exemplo, fica cada vez mais difícil encontrar elementos na realidade concreta que corroborem a tese de que os Estados nacionais seriam suplantados por um mundo pós-imperialista sem fronteiras e sem centros, dominado por um Império único. Assiste-se, ao contrário, à agudização dos conflitos explicitamente imperialistas e subimperialistas, como ocorreu no Iraque, na Líbia, na Síria e no Afeganistão, além da guerra comercial e tecnológica entre a China e os Estados Unidos e, principalmente, a atual guerra dos Estados Unidos contra a Rússia, na Ucrânia. Neste último caso, viu-se, sem grandes problematizações, que empresas como Apple, Space X, Twitter, Meta, Binance e Google tomaram partido na guerra e bloquearam seus sinais no território russo, enquanto o colocavam a serviço do governo ucraniano.

Ocorre que o desenvolvimento das forças produtivas, em especial no ramo informacional, ganhou enorme destaque no debate sobre as formas contemporâneas de dominação. Em um caminho teórico bastante vigoroso, Subhabrata Bobby Banerjee[4] toma como base o conceito de necropolítica para argumentar que as novas formas de acumulação que ele nomeia "capitalismo neoliberal" são definidas como práticas violentas de desapropriação que subjugam a vida ao poder da morte.

Vale lembrar que o conceito de necropolítica foi proposto pelo filósofo camaronês Achille Mbembe em artigo publicado em 2003 e depois em um livro originalmente lançado em 2011, *Necropolitics*[5]. Em uma atualização

---

[3] Idem.

[4] Subhabrata Bobby Banerjee, "Necrocapitalism", *Organization Studies*, v. 29, n. 12, 2008.

[5] Ed. bras.: *Necropolítica: biopoder, soberania, estado de exceção, política da morte* (trad. Renata Santini, São Paulo, n-1, 2018).

130 • Colonialismo digital

crítica do conceito de biopolítica e em diálogo estreito com as noções de *homo sacer* e *estado de exceção* de Agamben[6], Mbembe apresenta o conceito de necropolítica como definidora do "poder e a capacidade [do Estado] de ditar quem pode viver e quem deve morrer"[7]. Para ele, é o poder de matar – mais fortemente que o de fazer viver – que caracteriza as formas de subjugação do Estado moderno.

Mbembe apresenta como exemplos marcantes de dominação e violência total as antigas colônias da América, da África e da Ásia, o nazismo, como uma extensão da violência colonial, e a ocupação colonial e suas tecnologias de vigia, controle e extermínio na Faixa de Gaza: "o necropoder"[8]. Nesta última, numa situação ligeiramente distinta das antigas colônias, encontra-se a combinação de mecanismos disciplinares e de extermínio, como 1) a *fragmentação territorial*, uma espécie de neoapartheid; 2) a *soberania vertical*, marcada pela emergência de novas formas de controle panóptico e 3) a *terra arrasada* a partir de guerras infraestruturais: técnicas de sítio com destruição total dos territórios invadidos.

Embora, a nosso ver, o conceito apresente alguns problemas em relação à perspectiva e aos caminhos pelos quais se constitui, ele se consolidou como grande canalizador de reflexões fundamentais sobre o papel das tecnologias informacionais nas formas contemporâneas de soberania e morte. Esse é o ponto de partida de Banerjee, ao argumentar que essa violência é intrínseca à história do colonialismo e do imperialismo, mas, para ele, aquilo que denomina de *necrocapitalismo* seria uma nova fase imperialista:

---

[6] "Partindo da definição de soberania de Carl Schmitt como 'aquele que decide sobre o estado de exceção', [Giorgio] Agamben [...] argumenta que através do estado de exceção o soberano 'cria e garante a situação de que a lei necessita para sua própria validade'. Agamben descreve o Estado nazista, a situação atual da Palestina e as 'guerras civis legais' como exemplos de estados de exceção na era moderna. A Estação Naval dos Estados Unidos na baía de Guantánamo talvez seja um dos exemplos mais recentes de um estado de exceção, onde os 'combatentes inimigos' que estão encarcerados não são sujeitos legais ou prisioneiros de guerra, mas se tornaram 'seres juridicamente inomináveis e inclassificáveis totalmente removidos da lei e da supervisão judicial'. Violência, tortura e morte podem ocorrer nesse espaço de exceção sem a intervenção política ou jurídica. O estado de exceção cria, assim, uma zona onde a aplicação da lei é suspensa, mas a lei permanece em vigor." Giorgio Agamben, *State of Exception*, citado em Subhabrata Bobby Banerjee, "Necrocapitalism", cit., p. 8, tradução nossa.

[7] Achille Mbembe, *Necropolítica*, cit., p. 5.

[8] Ibidem, p. 43.

Situar o imperialismo e os legados do colonialismo entre as formas contemporâneas de capitalismo é central para o desenvolvimento teórico do necrocapitalismo. A violência, a desapropriação e a morte resultantes das práticas de acumulação ocorrem em espaços que parecem imunes à intervenção legal, jurídica e política e onde as transgressões permanentes da soberania parecem mais a regra que a exceção.[9]

Essas lógicas radicais de desapropriação violenta atacam os recursos vitais de populações sob o jugo de práticas necrocapitalistas, que privatizam os elementos básicos de reprodução da vida material, como a água na África e na América do Sul[10]. O argumento central consiste na afirmação de que o necrocapitalismo é fruto de uma economia de morte – necroeconomia – ligada a uma política de morte – necropolítica –, na qual ocorrem exploração e crimes corporativos contra a vida, na qual há tortura, escravização, na qual as leis das democracias pouco importam; mundos de morte.

Os grandes pivôs da submissão da vida ao poder da morte são, para esses autores, poderosas corporações transnacionais que possuem uma história fundamentada na violência[11]. Em um estudo pioneiro no Brasil, Medeiros e Silveira analisam

---

[9] Subhabrata Bobby Banerjee, "Necrocapitalism", cit., p. 7, tradução nossa.

[10] Ibidem, p. 18.

[11] Banerjee ainda faz uma lista de exemplos em que o capital matou em massa, expropriou, violou e destruiu para se reproduzir: "Geração de lucros corporativos por meio da escravidão por bancos americanos do século XIX que negociavam escravizados como garantia de empréstimos (*New York Times*, 2005); o uso de trabalho escravo por corporações multinacionais durante a Segunda Guerra Mundial (Ramasastry, 2002); a redefinição biotecnológica da vida nua por meio do Projeto Genoma Humano e o uso da informação genética por governos e corporações (Cunningham e Sharper, 1996); regimes de direitos de propriedade intelectual sobre conservação da biodiversidade (Banerjee, 2003); deslocamento e desapropriação de povos indígenas por causa de projetos de megabarragens no Terceiro Mundo (Roy, 2001); a ascensão do 'capitalismo de desastre', no qual as corporações lucram, controlam recursos e remodelam as economias de regiões devastadas por desastres naturais e humanos, como foi o caso durante os esforços de reconstrução após o tsunami no oceano Índico, o furacão Mitch, o furacão Katrina e o terremoto de Gujarat de 2001 (Klein, 2007; Sharma, 2003); as lutas travadas por grupos indígenas contra corporações de mineração e recursos (Banerjee, 2000); os 'ensaios clínicos' conduzidos por corporações farmacêuticas transnacionais no corpo dos pacientes mais pobres do mundo, causando desfiguração e morte (Shah, 2006) e um aumento de 260% nas taxas de suicídio entre agricultores na Índia como resultado da 'liberalização' na agricultura (Milmo, 2005)". Ver Subhabrata Bobby Banerjee, "Necrocapitalism", cit., p. 30-1, tradução nossa.

o lado sombrio das organizações, tratando especificamente de crimes corporativos, privilegiando uma compreensão sociológica desse fenômeno. Consideramos [...] que esses crimes ocorrem dentro da lógica das operações da corporação, determinada por regulamentos, normas e procedimentos previamente estabelecidos para alcançar os objetivos organizacionais. O nosso objetivo é incorporar a perspectiva pós-colonial para compreender a dinâmica dos crimes corporativos.[12]

Cada vez mais, os crimes corporativos contra a vida atentam contra trabalhadores, consumidores e moradores das regiões onde as necrocorporações atuam. Exemplos dessas submissões da vida ao poder da morte são inúmeros: o caso Bophal na Índia, o cinismo da Bayer ao afirmar, por meio de porta-vozes, que não cria remédios para os pobres do mundo, a destruição causada no Brasil pela Samarco e a compra da Monsanto pela Bayer, que configuram um pesadelo distópico real.

Mesmo no campo da tecnologia, conforme lembra Sérgio Amadeu da Silveira, são conhecidas as relações entre as chamadas necrocorporações e o nazismo:

> Podemos começar a mostrar a relação entre grandes corporações e a destruição das liberdades observando o período nazista. Há provas consistentes da importância decisiva da tecnologia Hollerith de cartões perfurados da IBM para a execução do holocausto. Os códigos da IBM eram gravados nos braços dos prisioneiros do nazismo e permitiam a identificação, a seleção e o controle massivo do processo de extermínio. Mas a atual e persistente demolição dos direitos não é tão evidente como a praticada no período nazista.[13]

Em caminho semelhante, a intelectual mexicana Sayak Valencia cunhou o conceito de *capitalismo gore* no intuito de traduzir o "lado B da globalização neoliberal", os espaços fronteiriços, como em Tijuana, onde narcopoder e necropoder se mesclam, plasmados por narrativas e ações ultraviolentas e performances de masculinidade. A violência é usada como disciplina econômica[14]

---

[12] Cintia Rodrigues de Oliveira Medeiros e Rafael Alcadipani da Silveira, "Organizações que matam: uma reflexão a respeito de crimes corporativos", *Organizações e Sociedade*, v. 24, n. 80, Salvador, jan.-mar. 2017, p. 40; disponível on-line.

[13] Sérgio Amadeu da Silveira, "WikiLeaks e as tecnologias de controle", em Julian Assange, *WikiLeaks: quando o Google encontrou o WikiLeaks* (trad. Cristina Yamagami, São Paulo, Boitempo, 2015), p. 12.

[14] Sayak Valencia, *Capitalismo gore* (Barcelona, Melusina, 2010).

Low life, high-tech, necropolítica e ciberguerra • 133

em um contexto de dominação em que o corpo se converte em palco para um espetáculo do terror.

Castrados, esfolados, mutilados e desmembrados, degolados e decapitados... fileiras de cabeças e membros são cuidadosamente empilhadas e deixadas para serem vistas como exemplos, principalmente aos integrantes do cartel inimigo. Sayak Valencia justifica a preferência do uso do termo *gore*[15] (em referência a um subgênero do cinema de terror em que, de modo exagerado, sangue e vísceras dão o teor da narrativa), em vez de *snuff* (vídeos que circulam em *darknets* da *deep web*, em que mutilações, estupros e assassinatos são reais).

Em sua obra, Valencia também estabelece um diálogo estreito com o conceito de necropolítica, "em suas avaliações geopolíticas e racialmente situadas da biopolítica". No entanto, propõe pensá-lo "como um contravalor que se inscreve no mesmo registro da biopolítica, mas o radicaliza, pois dessacraliza e mercantiliza os processos de morrer"[16]. Para a autora, as distopias da globalização, espaços onde o corpo vira mercadoria perante o poder de morte e as engrenagens do sistema, estão expostas sem mascaramentos, sem simulacros; é a visão explícita das consequências da imposição do projeto distópico neoliberal[17].

Passados mais de quinze anos após a publicação de *Necropolitics*, observa-se que a dinâmica das guerras segue submetida a inovações que a reconfiguram,

---

[15] "Tomamos o termo *gore* de um gênero cinematográfico que se refere à violência extrema e cortante. Então, capitalismo gore se refere ao derramamento de sangue explícito e injustificado (como um preço a ser pago pelo Terceiro Mundo que se apega a seguir as lógicas cada vez mais exigentes do capitalismo), ao percentual extremamente alto de vísceras e desmembramentos, muitas vezes misturados com o crime organizado, o gênero e os usos predatórios dos corpos, tudo isso por meio da violência mais explícita como ferramenta de necroempoderamento." Ibidem, p. 15, tradução nossa.

[16] Ibidem, p. 142, tradução nossa.

[17] "Produto das polarizações econômicas, o bombardeio informativo/publicitário cria e fortalece a identidade hiperconsumista e sua contrapartida: a cada vez mais escassa população com poder aquisitivo que satisfaça o desejo de consumo. Dessa forma, criam-se subjetividades capitalistas radicais que chamamos de *sujeitos endriagos* e novas figuras discursivas que compõem uma *episteme da violência* e reconfiguram o conceito de trabalho através de um agenciamento perverso, que agora se fortalece na comercialização necropolítica do assassinato, evidenciando as distopias que trazem consigo o cumprimento *avant la lettre* dos pactos com o neoliberalismo (masculinista) e seus objetivos." Ibidem, p. 19, tradução nossa, grifos da autora.

134 • Colonialismo digital

principalmente com o aperfeiçoamento de três elementos apontados pelo filósofo camaronês: o uso de drones, a ciberguerra e a privatização da indústria militar, em que "matar se converte em um assunto de alta precisão"[18].

Sobre a questão dos drones, passaram a ser comum os comentários na mídia acerca de veículos aéreos não tripulados (vants) atuando contra os inimigos dos Estados Unidos nas guerras do Iraque, da Síria ou do Afeganistão. Como no velho colonialismo que gerou o paradoxo lockeano, o *outro* – tido como o selvagem, o bandido, o terrorista – é suspenso da ética, da política e da estética e, portanto, pode ser biologicamente eliminado, em nome da liberdade, como se elimina um orc em um jogo de Warcraft.

Como diziam Racionais MC's em "Diário de um detento", "o Robocop do governo é frio, não sente pena, só ódio e ri como uma hiena". Não há comoção e muito menos crise ética quando se assassinam milhares de inimigos sem rosto através de um joystick. A descrição fanoniana do colonialismo, como negação total de humanidade, parece ainda mais atual agora que na época em que foi escrita. Assim, podem-se compreender aspectos que Grégoire Chamayou classificou como uma nova política de vigiar e aniquilar, com o uso de tecnologias que "permitem projetar poder sem projetar vulnerabilidade"[19].

Com vistas a essa constatação, Chamayou[20] aponta o surgimento de uma necroética que deve ser urgentemente criticada, pois o uso de drones para assassinato seletivo na guerra contra o terror redefine a questão das fronteiras, da soberania dos Estados-nação e o poder soberano de vida e de morte. "A guerra assimétrica se radicaliza para se tornar unilateral. Pois é claro que ainda se morre, mas *só de um lado*."[21] A guerra deixa de ser guerra para se tornar uma caçada humana (*manhunt*), fortalecendo o caráter de expansão e a retração nômade da violência bélica no século XXI. Mbembe dá como exemplo a guerra do Golfo, na qual

a utilização combinada de bombas inteligentes e bombas de urânio empobrecido, de detectores eletrônicos, mísseis guiados a laser, bombas de

---

[18] Achille Mbembe, *Necropolítica, seguido de Sobre el gobierno privado indirecto* (Madri, Melusina, 2011), p. 51.

[19] David Deptula, citado em Grégoire Chamayou, *Teoria do drone* (trad. Célia Euvaldo, São Paulo, Cosac Naify, 2015), p. 20.

[20] Grégoire Chamayou, *Teoria do drone*, cit., p. 26.

[21] Ibidem, p. 32, grifo do autor.

Low life, high-tech, necropolítica e ciberguerra • 135

fragmentação e asfixiantes, tecnologia *stealth*, veículos aéreos não tripulados e a inteligência cibernética logo paralisou as capacidades do inimigo.[22]

No entanto, a despeito dessas incontestáveis constatações e contribuições ao debate, o conceito de necropolítica carece de alguns limites que merecem ser comentados no escopo do presente estudo. Em primeiro lugar, a concepção de biopolítica, da qual a necropolítica é herdeira, acaba por pulverizar e dessubstancializar o poder de maneira politicista[23], de tal forma que a luta de classes desaparece do horizonte causal. O próprio capitalismo, para usar termos de Mbembe, é reduzido a sua dimensão discursivo-ideológica – e não produtiva – na forma de "liberalismo", "modernidade tardia" e "neoliberalismo", ou, na melhor das hipóteses, pensado apenas em termos de circulação.

Assim, o poder, sem um operador nomeável, aparece como entidade autônoma em um mundo "fragmentado e indeterminado"[24]. Como se pode ler em Mbembe:

> Examino essas trajetórias pelas quais o estado de exceção e a relação de inimizade tornaram-se a base normativa do direito de matar. Em tais instâncias, o poder (e não necessariamente o poder estatal) continuamente se refere e apela à exceção, à emergência e a uma noção ficcional de inimigo.[25]

Como argumenta Maia, "o sistema capitalista com sua historicidade, suas leis e suas contradições dá lugar a formas específicas de poder, opressão, identidade e discurso"[26]. Em decorrência disso, as políticas de morte, a necropolítica, o necropoder etc. acabam sendo apresentados em suas expressões visíveis sem que, contudo, seus sujeitos políticos e suas mediações econômicas concretas sejam explicitados.

É fato a existência de importantes transformações no processo produtivo que aceleram o tempo de circulação, o que permite a valorização do capital

---

[22] Achille Mbembe, *Necropolítica, seguido de Sobre el gobierno privado indirecto*, cit., p. 53-4, tradução nossa.

[23] Para uma crítica ao politicismo, ver José Chasin, "Marx: a determinação ontonegativa da politicidade", *Verinotio*, n. 15, ano 8, ago. 2012.

[24] Eduardo Santos Maia, "Exame crítico da 'necropolítica': uma leitura marxista do conceito e do livro", *45º Encontro Anual da ANPOCS (GT41 – Teoria sociológica e crítica contemporânea)*, 2021; disponível on-line.

[25] Achille Mbembe, *Necropolítica*, cit., p. 17.

[26] Eduardo Santos Maia, "Exame crítico da 'necropolítica'", cit., p. 8.

136 • Colonialismo digital

em novos patamares, mas, como enfatizou Ferrari[27] há mais de quinze anos, essa elevação está longe de ser uma tendência autônoma do poder, pois está subordinada[28] às necessidades de ampliação da exploração do valor.

É verdade que tanto Foucault quanto Mbembe atentam à dimensão reificadora do mercado capitalista e, sobretudo, ao racismo, visto como regulador "da distribuição da morte" que torna "possíveis as funções assassinas do Estado"[29]. Embora o primeiro não tenha atribuído tanta importância ao colonialismo como o segundo, a raça é apresentada, sobretudo em *Necropolítica*, como oposição – em vez de articulação complexa – à classe.

No entanto, a raça – corretamente relacionada à "estrutura político-jurídica da *plantation*"[30] em seu violento processo de coisificação – acaba reduzida, na teoria, à metáfora performática de uma nova "governabilidade" que difere do "comando (*commandement*) colonial". O resultado é uma incontornável diluição da materialidade histórico-concreta pela qual a raça é mobilizada em contextos sociais diversos em detrimento de sua mobilização tipológica como metáfora de dominação:

> As técnicas de policiamento e disciplina, além da escolha entre obediência e simulação que caracterizou o potentado colonial e pós-colonial, estão gradualmente sendo substituídas por uma alternativa mais trágica, dado seu extremismo. Tecnologias de destruição tornaram-se mais táteis, mais anatômicas e sensoriais, dentro de um contexto no qual a escolha se dá entre a vida e a morte.[31]

Como assevera Fanon, ironicamente citado por Mbembe, a percepção da raça, desconectada de seu contexto histórico – o atual estágio de acumulação capitalista –, corre o risco de atuar como parte da fetichização que pretende superar, pois "as nações que empreendem uma guerra colonial

---

[27] Terezinha Ferrari, *Fabricalização da cidade e ideologia da circulação*, cit.

[28] As tecnologias existentes não são naturais nem entes autônomos, mas expressões de escolhas humanas produzidas em benefício do processo de valorização do capital. De sua concepção ao uso que se faz dela; da intensificação dos ritmos produtivos à ampliação do poder de matar; do fortalecimento das formas de controle ao espetáculo pornográfico de exibição das mortes, há uma base material que fundamenta os caminhos pelos quais determinadas tecnologias se desenvolvem.

[29] Achille Mbembe, *Necropolítica*, cit., p. 18.

[30] Ibidem, p. 27.

[31] Ibidem, p. 59.

Low life, high-tech, necropolítica e ciberguerra • 137

não se preocupam com o confronto das culturas", já que a "guerra é um gigantesco negócio comercial e toda abordagem deve levar isto em conta"[32].

Eduardo Santos Maia é bastante crítico em relação ao diagnóstico de Mbembe sobre a guerra, suscitando, segundo argumenta, uma confusão entre as mudanças advindas do desenvolvimento histórico e das forças produtivas e as mudanças na natureza das formas de guerra.

> Mbembe discorre mais sobre as tecnologias utilizadas (avião *Hawkeye*, helicóptero *Apache*, tanque *Caterpillar D-9*) que sobre as relações da tecnologia com o conceito de necropolítica. Reconhecer "a superioridade de instrumentos de alta tecnologia do terror da era contemporânea" não diz nada sobre a ocupação da Palestina, suas razões ou particularidades; a afirmação seria igualmente válida para a conquista colonial das Américas, para a Segunda Guerra Mundial ou qualquer conflito em que as potências militares do momento estivessem envolvidas. Mbembe confunde o desenvolvimento da indústria bélica (parte do desenvolvimento das forças produtivas) com mudança qualitativa da execução da guerra. As táticas e as técnicas de "terror" atravessam a história de guerras e conflitos como mostra a guerra biológica durante a Guerra do Paraguai, os atentados contra Cuba e o uso do Agente Laranja no Vietnã; porém, a "evolução" do lançamento de corpos coléricos nos rios à dispersão de toxinas a partir de aviões reflete apenas as dinâmicas sociotécnicas de cada conjuntura.[33]

Assim, argumenta o autor, a novidade da guerra atual se apresentaria mais em termos de quantidade e intensidade – dado o vertiginoso desenvolvimento das forças produtivas, sobretudo no campo informacional – que de qualidade, no sentido de uma suposta ruptura com os nexos que a fundamentam[34]. De todo modo, ainda que se discorde do diagnóstico mbembiano, é fato que os sintomas explicitados por ele e pelos estudos supracitados se apresentam incontornáveis em relação à delimitação do que estamos chamando aqui de colonialismo digital.

Nos países centrais capitalistas, e cada vez mais nos países periféricos, vive-se em um mundo saturado de telas e fluxos de informações, onde vídeos de assassinato e tortura passeiam em forma de código binário por redes etéreas e cabos de fibra óptica. O fascínio e a paixão por imagens violentas

---

[32] Frantz Fanon, *Por uma revolução africana: textos políticos* (trad. Carlos Alberto Medeiros, Rio de Janeiro, Zahar, 2021), p. 72.

[33] Eduardo Santos Maia, "Exame crítico da 'necropolítica'", cit., p. 14.

[34] Idem.

138 • Colonialismo digital

são sintoma de novas formas de configuração do poder, novos circuitos de mercadificação e capitalização, tendo a morte se hibridizado com o espetáculo. Uma verdadeira pornografia da violência[35], em que a exibição em massa de corpos dilacerados cumpre a função de naturalizar a violência e, ao mesmo tempo, monetizá-la.

Surge uma espécie de (anti)estética *snuff*, na qual simulacro e real se transformam em hiper-real. Essa apreciação por vídeos amadores, por pornografia amadora – "vazou na net" – é um sintoma sociopatológico ligado à fixação com a morte e com o real, mediatizados por aparelhagem *high-tech*. Mas é uma morte autorizada apenas àqueles que, devido ao racismo e à racialização, já eram considerados mortos, do ponto de vista ético, político e estético[36].

O cinema e a cultura pop buscam hiper-realizar os elementos estéticos *snuff* por meio do cinema hollywoodiano, inclusive em filmes que têm como temática o lado sombrio das produções audiovisuais em tempos de internet. Não é à toa a fascinação com as crias do diretor George Romero, com os mortos-vivos e o apocalipse zumbi em seriados como *The Walking Dead*, entre tantos outros. Nas telas de alta definição, plasmam-se a banalização e a naturalização da violência em seus estados mais brutais.

---

[35] Em diálogo com a noção de vida nua, de Agamben, Hortense Spillers pensa a dimensão sexual da objetificação implícita vivida pelo *homo sacer* escravizado como "um potencial para o pornotropismo" (*pornotroping*). A exposição pública do corpo nu e dilacerado da pessoa escravizada (mas também das vítimas contemporâneas das violências racializadas) assumia dimensões pornográficas de prazer sádico que reforçava ainda mais sua objetificação e elevava a violência sexual para um estágio além do estupro: "A carne é a concentração de 'etnicidade' que os discursos críticos contemporâneos não reconhecem nem dispensam. [...] o sujeito feminino africano, nessas condições históricas, não é apenas alvo de estupro – em certo sentido, uma violação interiorizada de corpo e mente –, mas também o tópico de atos especificamente externalizados de tortura e prostração que imaginamos como a província peculiar da brutalidade masculina e da tortura infligida por outros homens. Um corpo feminino pendurado em um galho de árvore ou sangrando do peito em qualquer dia de trabalho de campo porque a 'supervisora', parada de pé à distância de um chicote, abriu sua carne acrescenta uma dimensão lexical e viva às narrativas das mulheres na cultura e na sociedade". Hortense J. Spillers, "Mama's Baby, Papa's Maybe: An American Grammar Book", *Diacritics*, v. 17, n. 2, 1987, p. 67-8, tradução nossa.

[36] Deivison Faustino, "Reflexões indigestas sobre a cor da morte: as dimensões de classe e raça da violência contemporânea", em Marisa Fefferman et al. (orgs.), *As interfaces do genocídio no Brasil: raça, gênero e classe* (São Paulo, Instituto de Saúde, 2018); disponível on-line.

Como se o princípio "*low life, high-tech*", desenvolvido nas distopias da literatura cyberpunk, tivesse se concretizado, vemos o antagonismo entre uma guerra de alta tecnologia e precisão e o uso de táticas nômades com raids relâmpagos contra o inimigo, o qual geralmente se configura na forma de populações não organizadas em milícias, que vivem/morrem nos mundos da morte do século XXI: circuitos de extração de minerais preciosos e essenciais para alimentar a revolução militar e tecnológica.

Têm sido cada vez mais frequentes – embora pouco discutidas – as notícias de ataques cibernéticos governamentais, e os primeiros de grande potencial destrutivo foram executados pelos vírus Flame, StuxNet, Duqu e Gauss, que sabotaram o programa nuclear iraniano, infectando usinas e centrífugas. Esses vírus não são brincadeiras de adolescentes amadores com problemas psicológicos: algumas dessas ciberarmas demoraram quatro anos para serem programadas e demandam apoio governamental. Boa parte das ações atribuídas aos chamados "hackers russos", mas também a polêmica em torno deles[37], são expressão de uma política maior, o chamado *sharp power*, adotado por potências diversas. Diferentemente do *hard power* – o poderio militar e econômico – e do *soft power* – o poder da persuasão cultural, diplomática e ideológica –,

> o *sharp power* [...] transfixa, penetra ou perfura o ambiente político e informativo dos países alvejados e se apresenta como mais uma ferramenta de disputa pelo poder entre as grandes potências, somando-se a outros conceitos anteriores. Ele se baseia em estratégias massivas de desinformação com o intuito deliberado de influenciar politicamente países estrangeiros.[38]

Abundam na internet acusações de que Estados Unidos e Israel tenham desenvolvido os potentes vírus; até mesmo os jornais estadunidenses *The New York Times* e *Washington Post* afirmaram ser dos Estados Unidos a autoria do ataque. Serão hackers militares ou mercenários de ciberguerra contratados, seguindo a tendência de "terceirização" das guerras[39]?

---

[37] Ver Ian Reilly, "F for Fake: Propaganda! Hoaxing! Hacking! Partisanship! and Activism! in the Fake News Ecology", *The Journal of American Culture*, v. 41, n. 2, 14 jan. 2018.

[38] João Paulo Charleaux, "O que é sharp power. E como ele pode minar governos", *Nexo*, 6 fev. 2018; disponível on-line.

[39] Ver Jeremy Scahill, *Blackwater: a ascensão do exército mercenário mais poderoso do mundo* (São Paulo, Companhia das Letras, 2008).

140 • Colonialismo digital

Além de tudo, agora se tem a certeza de que existe uma poderosa rede mundial de recolhimento de metadado e outras informações que fortalecem nossa distopia cibernética: a chamada porta dos fundos (*backdoors*). Trata--se do Prism, que foi denunciado por Edward Snowden, ex-funcionário da NSA e agora com a cabeça a prêmio. Assim como Chelsea Manning e Julian Assange, Snowden causou grande impacto nas relações internacionais atuais ao denunciar a existência de um sistema mundial de vigilância eletrônica, o Prism, comandado pela NSA, surgido do programa antiterrorista do governo George W. Bush pós-11 de Setembro, um programa clandestino e altamente confidencial.

Para traduzir o caráter da guerra no século XXI, Banerjee[40] faz alguns apontamentos importantes acerca da privatização de logística e ação militar e a respeito das conexões íntimas entre interesses econômicos e poder militar atualmente, apontando que a origem desses laços está no colonialismo. Há um crescimento da atuação de corporações que prestam serviços militares dos mais diversos, inclusive de ações de combate, defesa e ataque, logística e treinamento. O discurso de guerra ao terror é o novo software ideológico a fazer upgrade no hardware econômico e tornar mais eficiente a circulação de mercadorias produzidas pelas corporações e setores estatais do complexo industrial-militar estadunidense que oculta uma verdadeira militarização do ciberespaço[41].

Com a criação da internet e seu acesso crescente, ouvimos histórias de hackers e crackers inescrupulosos que invadem nossos computadores,

---

[40] Subhabrata Bobby Banerjee, "Necrocapitalism", cit., p. 16.

[41] "Ciberespaço é o 'lugar' onde a conversação telefônica parece ocorrer. Não dentro do seu telefone real, o dispositivo de plástico sobre sua mesa. [...] [Mas] O espaço entre os telefones. O lugar indefinido fora daqui, onde dois de vocês, dois seres humanos, realmente se encontram e se comunicam. [...] Apesar de não ser exatamente 'real', o 'ciberespaço' é um lugar genuíno. Coisas acontecem lá e têm consequências muito genuínas. [...] Este obscuro submundo elétrico tornou-se uma vasta e florescente paisagem eletrônica. Desde os anos 1960, o mundo do telefone tem se cruzado com os computadores e a televisão, e [...] isso tem uma estranha espécie de fisicalidade agora. Faz sentido hoje falar do ciberespaço como um lugar em si próprio. [...] Porque as pessoas vivem nele agora. Não apenas um punhado de pessoas [...] mas milhares de pessoas, pessoas tipicamente normais. [...] Ciberespaço é hoje uma 'rede', uma 'matriz', internacional no escopo e crescendo rapidamente e constantemente." Bruce Sterling, 1992, citado em Joon Ho Kim, "Cibernética, ciborgues e ciberespaço: notas sobre as origens da cibernética e sua reinvenção cultural", *Horizontes Antropológicos*, Porto Alegre, v. 10, n. 21, jun. 2004, p. 213.

Low life, high-tech, necropolítica e ciberguerra • 141

roubam nossas senhas e até nosso suado dinheiro por meio de vírus, malware e golpes de phishing (aqueles em que um site/e-mail/SMS falso "pesca" os dados protegidos dos usuários). Fala-se também em ataques de ransonware (em que são sequestrados os dados de indivíduos ou empresas, pedindo-se um resgate por eles em criptomoedas) e em invasões silenciosas para instalar mineradores de criptomoedas em nossas redes ou cavalos de troia que nos espionam. Enchemos nossos computadores de programas que nos defendem dos ataques cibernéticos desses temidos fraudadores eletrônicos.

Mas, depois das denúncias de Edward Snowden, tudo isso ficou obsoleto, pois não basta nos defendermos do cibercrime comum. Agora sabemos que os grandes invasores de redes e da privacidade alheia são os integrantes de potências imperialistas, membros do Estado – este ente que as teorias hegemônicas na academia dizem ter desvanecido –, mais precisamente da NSA, e se utilizam de tecnologias nem sequer imaginadas por nós, reles usuários. Tudo isso só pode ser operacionalizado por meio do apoio irrestrito de Alphabet-Google, Apple, Facebook (Meta), Amazon e Microsoft.

Kim[42], em seu artigo sobre cibernética, cibercultura e ciberespaço, faz uma análise interessante sobre o mundo virtual onde projetamos nossos entes binários sempre prenhes da contradição principal do ciberespaço: a ambiguidade da simulação que sempre poderá abrir brechas para uma atividade de mascaramento.

> O que chamamos de realidade virtual é a camada de interação sensível entre o homem e o ciberespaço. Mas as representações imagéticas da informação digital implicam uma descontinuidade entre aquilo que vemos e aquilo que realmente está por trás da simulação. A realidade virtual opera em dois sentidos, um que cria mundos sensoriais da informação digital e outro que trabalha ocultando a estrutura essencial e material do ciberespaço. São movimentos indissociáveis e, por mais perfeito que venha a ser um modelo de simulação, ele será sempre ambíguo: o mesmo poder de simular mundos é o poder de falsificar e mascarar.[43]

Com o crescimento das manifestações e do ciberativismo no século XXI, a grande pergunta que fazemos é a seguinte: como lutar contra o opressor usando as armas do opressor? Será que a *deep web*, ou outra rede criptografada, representará o futuro para aqueles que não querem empresas sondando seus

---

[42] Idem.

[43] Michael Taussig, citado em ibidem, p. 216.

gostos pessoais ou governos lendo seus e-mails? Não sabemos ainda como responder a essas questões, mas o impacto dos atos de Edward Snowden e dos atos supostamente atribuídos a Chelsea Manning (que teria vazado vídeos para o WikiLeaks de Assange, provando crimes de guerra por parte dos militares dos Estados Unidos) ainda não foi assimilado totalmente, mesmo anos depois.

Mas o que é a criptografia? Trata-se do estudo do envio de mensagens codificadas/cifradas por meio de algoritmos criptográficos, um ramo da criptologia (o estudo dos segredos) e da teoria da informação essencial à estratégia de guerra. Outro ramo conectado é a esteganografia, a arte de esconder mensagens em uma mensagem aparentemente inocente. Hoje, com fácil acesso, existem vários aplicativos para celulares que fazem criptografia e esteganografia, permitindo inserir mensagens secretas em uma gravação de voz ou em imagens. É essa tecnologia que permite a *deep web*, parte da internet não indexada nas ferramentas de busca usuais (Google, Yahoo etc.) e que só pode ser acessada com um software chamado TOR, que acessa uma rede de nós que embaralha o caminho da conexão do usuário, supostamente tornando-o anônimo.

Hoje o ciberespaço é cheio de buracos de minhoca virtuais que levam à *deep web*, às profundezas abissais da internet. Na *deep web* é possível criar e-mails e blogs, participar de fóruns e redes sociais anônimas e hospedar sites. É um lugar frequentado por hackers, ativistas, militantes, jornalistas que investigam ditaduras e necrocorporações, mas também pela escória da humanidade, que aproveita o anonimato para criar fóruns de *snuff movies*, pedofilia e neonazismo. Há muitas brumas que envolvem esse tema, mas em nossas investigações dentro da própria *deep web* pudemos achar lugares onde contratar hackers para qualquer tipo de serviço (destruir a reputação de alguém, espionar, roubar dados). Podem-se encontrar sites de doação de bitcoins para organizações de todos os matizes teóricos, inclusive neonazistas ou fundamentalistas religiosas.

A grande potencialidade da *deep web* seria manter o usuário anônimo, mas será que é possível ficar anônimo usando a tecnologia que o próprio governo financiou? A verdade é que os hackers já conseguem detectar os IPs de pedófilos, e o próprio FBI prendeu o dono da Freedom Hosting – que hospedava inúmeros sites pedófilos – explorando uma falha de segurança do Mozilla Firefox, navegador usado para acessar a rede TOR.

Se por um lado ficamos felizes que esses pedófilos estejam sendo presos, com a ajuda de hackers reunidos em fóruns da *deep web*, por outro lado vemos que o ciberativismo pode estar comprometido por essas falhas de

Low life, high-tech, necropolítica e ciberguerra • 143

segurança. Falamos do WikiLeaks e de outras organizações que democratizam informações secretas de governos.

Na *deep web* o dinheiro que usualmente circula é o bitcoin, moeda criptografada através de *peer to peer*, a mesma tecnologia que permite que o usuário baixe *torrents*, arquivos mp3, entre outros de modo descentralizado. O bitcoin foi criado por Satoshi Nakamoto, pseudônimo do movimento *cypher* (entusiastas da criptografia e da segurança de dados) que pode ser tanto um indivíduo como um coletivo. Com essa moeda, é impossível saber quem pagou e quem recebeu. Moedas clones do bitcoin surgiram aos montes pela internet (por exemplo, o alphacoin, o fastcoin e o peercoin), mas as previsões do mercado são pessimistas e especulam o fim de várias delas.

Esta pesquisa trouxe apenas algumas das possibilidades tecnológicas de dominação dentro dos quadros do imperialismo no século XXI; ao mesmo tempo, abre possibilidades de um uso libertário e organizador dessas mesmas tecnologias para os movimentos anti-imperialistas.

Desde a época do escândalo Snowden, os dispositivos de vigilantismo evoluíram, do Cyclone Hx9 (supostamente utilizado para espionar Merkel) ao Pegasus. Criaram toda a aparelhagem que se possa imaginar e muito mais: hardwares e softwares de todos os tipos para escutas que roubam dados de teclados e microfones; chips instalados em cabos USB; redes falsas nas quais você entra e pegam todas as suas informações. Esses dispositivos possuem precisão cirúrgica para invadir qualquer tipo de sistema ou rede, seja Wi-Fi, GSM, 3G ou 4G.

É uma parafernália incrível e caríssima usada cotidianamente para espionar governos aliados e inimigos, empresas estrangeiras, cidadãos estadunidenses ou de qualquer lugar do mundo, provavelmente para utilizar esses conhecimentos a fim de levar vantagem em negócios dos Estados Unidos. Todos os sistemas operacionais já foram atacados, inclusive os mobile, como o Android Linux do Google. O sistema operacional Windows não ficou de fora; quando ainda operava com a versão mobile, foi usada uma ciberarma conhecida como ToteGhostly 2.0. Talvez por isso a pirataria de Windows sempre tenha sido aceita e até desejável: qualquer um consegue piratear o sistema da Microsoft pela internet, o que facilita a espionagem[44] através da padronização de sistemas operacionais.

---

[44] Há ainda a espionagem via satélite: "Em 2008, o Google ajudou a lançar um satélite espião da NGA, o GeoEye-1. O Google compartilha as imagens captadas pelo

144 • Colonialismo digital

Atualmente novas tecnologias de guerra eletrônica e ciberguerra são implementadas e fortalecem o vigilantismo digital e a captura de dados e informações, além de espionagem militar, industrial e política. Destacamos o Scorpius, dispositivo fabricado pela Israel Aerospace Industries que neutraliza ameaças como veículos aéreos não tripulados (drones),

> navios, mísseis, links de comunicação, radares de baixa probabilidade de interceptação (LPOI) e muito mais. O Scorpius neutraliza, efetivamente, a operação de seus sistemas eletromagnéticos, incluindo radares, sensores eletrônicos, capacidades de navegação e comunicações de dados.[45]

As ciberarmas de vigilantismo digital se desenvolveram a níveis que permitem vigiar e controlar dissidentes, jornalistas e possíveis *whistleblowers*, além de seu uso para espionagem industrial. O software Pegasus, da empresa israelense NSO, e um similar da corporação emiradense DarkMatter chegaram a ser negociados por membros da equipe de marketing de Jair Bolsonaro para captura de informações e dados[46]. A ferramenta de monitoramento permite a captação de todos os dados e metadados de smartphones, facilitando também o uso de microdirecionamento com big data.

O tecnofascismo brasileiro – o bolsonarismo – aprendeu bem com seus mestres o método Bannon de uso dessas tecnologias de poder. Morozov[47] nomeou esse fenômeno de "tsunami de demagogia digital" e afirmou que o ódio viraliza mais que qualquer outra coisa. Os ciberataques ao ConecteSUS[48] em 2021 parecem reforçar o uso dessas técnicas que ficaram famosas com o escândalo Cambridge Analytica nos Estados Unidos, em que foram vazados dados de 50 milhões de usuários, e foram prontamente utilizadas pelos discípulos de Bannon e Trump no Brasil. Podemos afirmar que a vitória de Bolsonaro em 2018 foi impulsionada por esse novo tipo de

---

satélite com as comunidades militares e de inteligência dos Estados Unidos. Em 2010, a NGA firmou com o Google um contrato de US$ 27 milhões para 'serviços de visualização geoespacial'". Julian Assange, *WikiLeaks*, cit., p. 39.

[45] Ricardo Fan, "Sistema de Guerra Eletrônica Scorpius", *Defesanet*, 17 nov. 2021; disponível on-line.

[46] Ver Lucas Berredo, "Brasileiro quis comprar software espião da empresa emiradense DarkMatter, diz site", *Olhar Digital*, 17 jan. 2022; disponível on-line.

[47] Evgeny Morozov, *Big Tech: a ascensão dos dados e a morte da política* (trad. Claudio Marcondes, São Paulo, Ubu, 2018).

[48] Ver Ana Marques, "ConecteSUS: ainda há dados faltando e pouca explicação sobre ataques", *Tecnoblog*, 30 dez. 2021; disponível on-line.

marketing, que é fundamentado em disparos de *fake news* em massa, mas microdirecionados através do processamento de big data.

As eleições brasileiras de 2018 mostraram o alto custo a ser cobrado de sociedades que, dependentes de plataformas digitais e pouco cientes do poder que elas exercem, relutam em pensar as redes como agentes políticos. O modelo de negócios da big tech funciona de tal maneira que deixa de ser relevante se as mensagens disseminadas são verdadeiras ou falsas. Tudo o que importa é se elas viralizam (ou seja, se geram números recorde de cliques e curtidas), uma vez que é pela análise de nossos cliques e curtidas, depurados em retratos sintéticos de nossa personalidade, que essas empresas produzem seus enormes lucros. Verdade é o que gera mais visualizações.[49]

A economia da atenção, baseada em cliques e curtidas, em seduzir o usuário para aplicativos, redes sociais, conteúdos que viralizam, *trending topics*, produziu o cenário para a disseminação de *fake news* como arma de guerra, arma de desinformação em massa.

O Ministério da Defesa brasileiro aprovou, em 2012, a criação de uma divisão de guerra cibernética, a princípio para proteger sistemas vitais do país, como as usinas de eletricidade. O Sistema Militar de Defesa Cibernética está previsto na Política Cibernética de Defesa, publicada no *Diário Oficial da União* de 27 de dezembro de 2012. A criação do órgão visava a preparar o Brasil para a Copa do Mundo de futebol e para os Jogos Olímpicos. Além de defesa externa, seu objetivo é combater o cibercrime em território nacional, já que o Brasil é o quarto país com mais crimes cibernéticos no mundo. Mas o que mais aparece como demanda para efetivar uma política cibernética de defesa é o cenário mundial neste alvorecer do século XXI: os governos estão capacitando seus quadros para tomarem posição em uma guerra que está ocorrendo neste momento.

A Otan, por exemplo, vem empreendendo exercícios de guerra cibernética contra um eventual ataque russo, chinês ou iraniano. Israel vem treinando jovens de dezesseis a dezoito anos e já declarou que está produzindo uma "cortina de ferro digital" no país.

O Exército brasileiro recebeu, na época, do Centro de Instrução de Guerra Eletrônica (Cige), o Simulador de Operações de Guerra Cibernética (Simoc), desenvolvido com recursos orçamentários do Ministério da Defesa pela Decatron, uma empresa 100% brasileira sediada no Rio de Janeiro.

---

[49] Evgeny Morozov, *Big Tech*, cit., p. 10.

146 • Colonialismo digital

O software disponibiliza suporte para especialização de recursos humanos em análises de vulnerabilidade de redes, permitindo a execução de ações, em ambiente controlado, de proteção cibernética e defesa ativa, além do treinamento baseado em cenários reais de catástrofes e comprometimentos de infraestruturas críticas nacionais.

9
RACISMO ALGORÍTMICO OU RACIALIZAÇÃO DIGITAL?

"Não se trata, portanto, apenas de vieses ou disseminação
acidental em sistemas falhos específicos (bug), mas de
uma ordenação racial de oportunidades e danos."

Tarcízio Silva

O silêncio da literatura especializada em colonialismo digital, *i-colonialism* ou colonialismo de dados sobre o racismo no universo digital é ensurdecedor. Se o racismo foi e continua sendo a base para velhas e novas formas de colonialismo, nos perguntamos: como foi possível o advento de toda uma literatura sobre colonialismo que não discute o racismo?

O que procuramos destacar aqui é que a tendente universalização da "condição negra" narrada por Mbembe (2014) e muitas vezes mobilizada para problematizar o colonialismo de dados não substituiu a diferenciação fenotípica promovida pelo racismo antinegro. Em resultado, uma vez que todos tendemos (cada vez mais) a ser reduzidos à mercadoria, encontramos no racismo um elemento ideológico que diferencia o *preço* de cada mercadoria e, sobretudo, os critérios que definem e autorizam quais delas podem ser descartadas e quais, mesmo quando supérfluas, não são passíveis de tal redução.

Falamos em preço, em vez de valor, porque o tempo de trabalho socialmente necessário empreendido por um trabalhador negro é o mesmo que o de um branco; já seu preço no mercado de trabalho, não. Mais que isso, a experiência colonial nos desafia a equacionar a exploração capitalista para além da simples exploração de mais-valor, como prevista pela teoria do valor.

148 • Colonialismo digital

Denise Ferreira Silva[1] retoma os cálculos de Marx a respeito do valor do linho na Revolução Industrial para direcionar uma reflexão sobre o valor para a exploração escravista, não contabilizada no cálculo do mais-valor. Esse *quantum* de valor obtido pelo trabalho não pago e não mensurado representa parte fundamental da riqueza produzida na modernidade capitalista. Ainda assim, a máxima cantada por Elza Soares não se desatualizou, e, em consequência, "a carne mais barata do mercado" continua sendo a carne negra, justamente a que mais contribuiu para o enriquecimento humano genérico a partir de sua exploração em estado bruto. Se há uma colonização digital, ergue-se como prioridade a investigação sobre como e em que medida a racialização se presentifica nesse contexto.

Essa investigação vem sendo feita por uma rede sólida – embora ainda pequena – de pesquisadores alocados em diversas partes do mundo. Destacamos, neste sentido, o brilhante trabalho do professor Tarcízio Silva[2], o de Joy Buolamwini[3] e o da professora Safiya Umoja Noble[4], entre outros. Como já discutido, algoritmos são produções humanas e, portanto, atravessados por tradições, por valores subjetiva e intersubjetivamente partilhados[5], mas sobretudo com finalidades historicamente determinadas.

> Grupos de cientistas, teóricas e ativistas da comunicação e tecnologia apontaram os processos pelos quais a construção tanto das tecnologias digitais de comunicação quanto da ideologia do vale do Silício são racializadas [sic], a partir de uma lógica da supremacia branca.[6]

---

[1] Denise Ferreira Silva, *A dívida impagável: lendo cenas de valor contra a flecha do tempo* (São Paulo, Oficina de Imaginação Política, 2017).

[2] Ver a pesquisa documental realizada por ele, uma grande referência para este debate: Tarcízio Silva, "Linha do tempo do racismo algorítmico: casos, dados e reações", *Blog do Tarcízio Silva*, 2020; disponível on-line.

[3] Joy Buolamwini e Timnit Gebru, "Gender Shades: Intersectional Accuracy Disparities in Commercial Gender Classification", *Proceedings of Machine Learning Research*, v. 81, 2018.

[4] Safiya Umoja Noble, *Algorithms of Oppression: How Search Engines Reinforce Racism* (Nova York, NYU Press, 2018).

[5] Tarcízio Silva, "Racismo algorítmico em plataformas digitais: microagressões e discriminação em código", *VI Simpósio Internacional LAVITS*, Salvador, 2019.

[6] Idem, "Racismo algorítmico em plataformas digitais: microagressões e discriminação em código", em Tarcízio Silva (org.), *Comunidades, algoritmos e ativismos digitais: olhares afrodiaspóricos* (São Paulo, LiteraRUA, 2020), p. 129.

Em uma palestra proferida em 2021 no Núcleo de Estudos Afro-Brasileiros e Indígenas (Neabi) do Instituto Federal do Sudeste de Minas (Campus Avançado Ubá), o pesquisador Tarcízio Silva falou dos cinco pilares do racismo algorítmico. O primeiro é o que ele chama de *looping de feedback*: o modo como sistemas de inteligência artificial promovem vieses de discriminação racial já existentes na sociedade. Cita como exemplos os sistemas de reconhecimento de objeto (aprendizado de máquinas) e imagens que tendem a incorporar os vieses raciais e fazer associações racializadas. O segundo pilar é o que ele chama de *humanidade diferencial*: o modo como o racismo acaba promovendo o grupo hegemônico em detrimento de minorias, consolidando uma espécie de distribuição racial do sistema tecnológico.

O terceiro pilar é o *paradoxo entre invisibilidade e hipervisibilidade*. Baseado nos estudos de Joy Buolamwini sobre a *disparidade interseccional*, ele argumenta que o racismo pode se manifestar, de um lado, no não reconhecimento correto do traço de mulheres negras nos aplicativos e reconhecimento lúdico ou funcionais e, do outro lado, na hipervisibilidade negra nas formas de dominação e controle. Como exemplo, Silva lembra que 90,5% das pessoas presas por reconhecimento facial no Brasil são negras.

O quarto pilar é a *colonialidade global no negócio da tecnologia*. Segundo Tarcízio, grandes empresas de tecnologia colonizam infraestruturas tecnológicas em alguns países menos conectados, de forma a restringir o acesso desses povos ao seu monopólio. Um exemplo famoso é a oferta de internet gratuita e de baixa qualidade pelo Google e pelo Facebook para países com baixíssima conexão, como Gâmbia e Sri Lanka; o preço cobrado é que as pessoas só podem acessar os produtos dessas mesmas empresas em vez de terem acesso ilimitado à internet. Essa proposta chegou a ser apresentada pelo Facebook ao Brasil, mas foi rejeitada pela então presidenta Dilma Rousseff.

O quinto pilar é o que Silva chama de *colonialidade de campo*. O pesquisador observa como as disciplinas do campo da informação tendem a negligenciar a presença do racismo em seus objetos de estudo e na formação de profissionais, professores e novos pesquisadores.

Esses elementos colocam o desafio de discutir não apenas as tecnologias em si, mas especialmente os usos, o tipo de programação e a finalidade que as estruturam[7]. Embora a lógica do capital oriente que os desenhos tecno-

---

[7] O poder de apagamento e invisibilização, por um lado, e de hipersexualização e exposição, por outro, é analisado por Tarcízio Silva: "Buscadores de informação, websites

150 • Colonialismo digital

lógicos caminhem na direção da maximização dos lucros e não para atender às necessidades humanas, convém lembrar que a determinante econômica não impede que as tecnologias incorporem as contradições sociais de dada época, como o racismo, o machismo, a homofobia, o racismo religioso, entre outras[8].

Nos ambientes digitais, entretanto, temos um desafio ainda mais profundo quanto à materialidade dos modos pelos quais o racismo se imbrica nas tecnologias digitais através de processos "invisíveis" nos recursos automatizados como recomendação de conteúdo, reconhecimento facial e processamento de imagens.[9]

Esse aspecto é importante para o argumento aqui assumido. Se os códigos são, mesmo em sua tendente automação, padrões socialmente determinados, a expressão "racismo algorítmico" não tenderia a escamotear a autoria do racismo, transferindo-a para os códigos enquanto oculta seus programadores, estes, sim, humanos formados e informados por dadas relações sociais de poder?

---

e imagens são uma tecnologia essencial para o uso contemporâneo da internet por pessoas comuns e profissionais. Em grande medida, indicadores mostram que a maior parte das pessoas não navega por muitas páginas, focando os primeiros resultados. Portanto, a ordem dos resultados – definida algoritmicamente – tem papel relevante na reprodução de representações e acesso a informações consoantes ou dissonantes de olhares hegemônicos ou contra-hegemônicos. O trabalho supracitado de Noble argumenta sobre perigos da hipervisibilidade negativa e hipersexualizada enquanto outros trabalhos tratam também da invisibilidade. É o caso do projeto 'Vamos conversar, bancos de imagens?', do coletivo Desabafo Social. Através de vídeos mostrando o procedimento de buscas em bancos de imagens como Shutterstock, Getty Images, iStock e DepositPhotos, o coletivo exibe como o resultado para termos simples como 'família' ou 'bebês' mostra praticamente apenas pessoas brancas. No caso dos bancos de imagens, o seu consumo é feito por milhares de produtores de conteúdo, o que pode gerar um efeito em cascata: publicitários, blogueiros e jornalistas sem recursos para produção própria de imagens tenderão a usar imagens não representativas da diversidade brasileira, piorando os índices de modo geral. Pierce e colaboradores apontaram a questão das microagressões em análise quantitativa de categorias de representação em mídia, concluindo que os anúncios televisivos se tornam uma 'coleção de fontes que vomitam microagressões através de mecanismos ofensivos'". Ver Tarcízio Silva, "Racismo algorítmico em plataformas digitais", cit., 2020, p. 140-1.

[8] Ivo Pereira de Queiroz e Gilson Leandro Queluz, "Presença africana e teoria crítica da tecnologia: reconhecimento, designer tecnológico e códigos técnicos", *Anais do IV Simpósio Nacional de Tecnologia e Sociedade*, Curitiba, UTFPR, 2011.

[9] Tarcízio Silva, "Racismo algorítmico em plataformas digitais", cit., 2020, p. 130.

Racismo algorítmico ou racialização digital? • 151

Acreditamos, portanto, que a noção de *racialização codificada* ou *racialização digital* possa ser mais abrangente para dar conta da explicitação do contexto material de desenho dos algoritmos, de forma a evidenciar a seletividade racial dos cargos técnicos em empresas de programação, a distribuição social desigual de prestígio entre produtores de conteúdo digital na internet[10] e a codificação naturalizada dos discursos e estética racistas nas mídias sociais e nos bancos de imagem digitais.

Convém destacar, ainda, a racialização codificada em aplicativos de reconhecimento facial, ao não identificarem os traços negros com precisão[11], e sobretudo certa eugenia política[12] presente no "aprendizado de máquinas". A eugenia se materializa tanto na utilização estética e cultural branco-ocidental como parâmetro de humanidade quanto na exclusão ou desigualdade do acesso às tecnologias informacionais.

Se retomarmos a máxima segundo a qual todos somos ciborgues, podem-se supor os efeitos das desigualdades sociorraciais no acesso à maximização e potencialização cérebro-corpórea que o emprego das novas tecnologias e suas redes neurais possibilita, criando, assim, novas hierarquias bioeconomicorraciais. Isso para não falar na distribuição racial desigual do acesso à internet e seus meios materiais de existência – infraestrutura física, computador, celular etc. A pandemia de covid-19 explicitou o abismo entre estudantes brancos e negros no que concerne ao acesso aos meios necessários para o ensino remoto[13].

Por fim, é válido comentar a captura das agências políticas para fins de engajamento e confinamento em bolhas identitárias, o que não é exclusividade do associativismo negro. Esse aspecto é delicado, porque, de um lado, essas tecnologias apresentam-se como novas formas de dominação, cooptação e controle sobre a sociedade, mas, do outro lado, oferecem oportunidade para novas formas de agência política[14]. A expansão do acesso à

---

[10] Ver "Influenciadores negros têm menor participação em campanhas", *Propmark*, 2 set. 2020; disponível on-line.

[11] Safiya Umoja Noble, *Algorithms of Oppression*, cit.

[12] Tarcízio Silva, "Racismo algorítmico em plataformas digitais", cit.

[13] Suiane Costa Ferreira, "Apartheid digital em tempos de educação remota: atualizações do racismo brasileiro", *Interfaces Científicas*, Aracaju, v. 10, n. 1, 2020.

[14] O caso do ciberativismo das mulheres negras no Brasil é um exemplo fundamental. Ver Nathaly Cristina Fernandes, "Mulheres negras e o espaço virtual: novas possibilidades de atuações e resistência", *Cadernos de Gênero e Tecnologia*, v. 12, n. 40, 2019.

internet reconfigurou irreversivelmente o jogo político em todo o mundo, descentralizando a possibilidade de fala, colaboração e criatividade[15], ainda que as possibilidades de escuta permaneçam centralizadas por algoritmos racializados.

A pergunta que cabe fazer é: em que medida o ativismo quando restrito às grandes plataformas privadas – fornecidas pelos grandes monopólios informacionais – de fato representa uma subversão da ordem estabelecida ou apenas mais uma estratégia de ampliação do tempo de permanência dos usuários em seu interior, com vistas à já anunciada extração e venda de dados? Poderiam as ferramentas do Senhor desmantelar a casa-grande[16]?

---

[15] Richard Barbrook, "The Hi-Tech Gift Economy", *First Monday*, dez. 2005; disponível on-line.

[16] Audre Lorde, *The Master's Tools Will Never Dismantle the Master's House* (Londres, Penguin, 2018).

10
A HIPERCONECTIVIDADE PSICOPOLÍTICA E A DEFICIÊNCIA DE CONEXÃO: "CADA QUAL NA SUA SOLIDÃO"

> *"Cada um no seu castelo, cada um na sua função,*
> *Tudo junto, cada qual na sua solidão."*
>
> Racionais MC's, "Da ponte pra cá"

Que subjetividade é essa que emerge desse emaranhado complexo de complexos em que a crescente aceleração do tempo e a vertiginosa contração do espaço parecem ser as únicas permanências a se sustentar? Que tipo de noção de tempo e espaço, mas sobretudo de corpo, é circunscrita por essa sociabilidade marcada pela automação algorítmica e principalmente pela ampliação sem precedentes do emprego de tecnologias que alteram nossa percepção da realidade, seja para ampliar os sentidos, seja para nos permitir suspendê-los temporariamente?

Uma sociedade em que o uso da internet já figura como um CID[1] viu nela a única "mídia" para trabalhar, estudar, transar e comprar comida durante a pandemia do novo coronavírus. Se é verdade que a percepção, a sensibilidade e a subjetividade humanas se alteram a cada novo salto tecnológico – como foi com o advento da agricultura, da prensa ou da eletricidade –, não é descabida a investigação sobre os efeitos cognitivos e psicológicos dos processos econômicos, políticos e sociais anteriormente analisados.

---

[1] O uso abusivo de jogos eletrônicos (ou *gaming disorder*) é um dos agravos incluídos na Classificação Estatística Internacional de Doenças e Problemas Relacionados com a Saúde, lista mais conhecida como CID.

Para Silveira[2], seria ingenuidade pensar que as big techs seriam somente empresas inovadoras que nos ajudam a otimizar nossa vida. O Google, por exemplo, é "uma corporação que integra o sistema de controle, vigilância e expansão de poder do Estado norte-americano". A exploração, o cruzamento e o processamento de dados de forma a inserir o usuário no processo produtivo, bem como a criação de perfis organizados visando a "modulação de comportamentos" para fins de marketing, são o núcleo de um certo "capitalismo cognitivo"[3].

Cada vez mais a internet tem assumido o lugar que as cidades ocuparam historicamente, ao aglutinar pessoas, relações e interações, sobretudo para a troca de trabalho excedente. Ocorre, como lembra Lefebvre, que as cidades projetam a sociedade sobre o terreno, enquanto a internet a projeta a partir de uma interação não presentificada. Isso não significa que os pontos de comunicação e troca de energia informacional possam prescindir de um lugar e um momento para ocorrer, mas significa que eles não têm relevância para a interação. Ocorre que, assim como os territórios que vieram a se constituir nas cidades modernas[4], a internet tem sido cada vez mais subsumida à lógica do capital. As plataformas de interação, oferecidas pelas big techs, têm atuado como grandes shopping centers ou pregões onde se negociam sexo, drogas e rock and roll, mas também ideias, imagens, crenças e qualquer outra coisa que possa ser convertida em mercadoria.

No telemóvel, no automóvel ou dentro do imóvel. Não há para onde fugir, não sem consequências reais e tangíveis para as relações sociais. É cada vez mais difícil e custoso estar "fora" de um espaço panóptico que prescinde de lugar para existir e que, ao mesmo tempo, como um massivo buraco negro, tende a sugar o conjunto da vida social para "dentro" de seu horizonte de eventos. Como não há um lugar, tem espaço para todos, todas e todes, bolsominions, nazistas, esquerdopatas, veganos, crentes, candomblecistas, anarcoliberais, stalinistas, trotskistas, marombados e anoréxicos, gregos e baianos.

---

[2] Sérgio Amadeu da Silveira, "WikiLeaks e as tecnologias de controle", em Julian Assange, *WikiLeaks: quando o Google encontrou o WikiLeaks* (trad. Cristina Yamagami, São Paulo, Boitempo, 2015), p. 11.

[3] Idem.

[4] Convém não esquecer que a constituição das cidades modernas só foi possível mediante a violenta expropriação de terras e o desmantelamento dos antigos laços territoriais existentes na Europa ou em qualquer outro lugar tocado pelo capital.

A hiperconectividade psicopolítica e a deficiência de conexão • 155

Todes podem abrir um perfil e criar seu avatar para desfilar como um produto vivo pelo altar virtual do novo templo do consumo. Nem os defensores mais radicais dos direitos humanos, do esperanto ou da igualdade universal poderiam imaginar um sítio tão acessível e aberto ao encontro sem corpo – e sem encontro – de almas cosmopolitas e desenraizadas em guetos temáticos e semióticos onde o vazio que lá habita, enfim, pode saudar o vazio que habita em ti. Acariciando organicamente as frias letras brancas sobre teclas pretas do celular, do tablet ou do computador, sentimos e afagamos o(s) outro(s) imaginário(s) como se fossem zonas erógenas à flor da tecla. Teclas tântricas de um prazer sem corpo, alma e coração. A profecia apocalíptica do fim dos tempos (e espaços). Mas a entrada é livre e acessível por um pequeno pedágio: a submissão crescente de tudo o que ainda resta "fora" a seu domínio direto, alterando definitivamente, assim, nossa forma de estar no mundo. Estamos falando da internet ou do capitalismo? Talvez da submissão da primeira ao segundo.

A reconfiguração cibernética do corpo, da experiência e da subjetividade se expressa tanto nas alterações objetivas do tempo de circulação de mercadorias, valores e dados quanto na percepção sensitiva a respeito de nós, dos outros e do mundo. Não apenas a agenda de contatos ou compromissos, os arquivos de documentos e imagens pessoais, os dados históricos ou teóricos passam, cada vez mais, a ser depositados em uma espécie de memória informacional mundial quase ilimitada – substituindo a memória individual organicamente limitada (ou coabitando com ela), criando, com isso, novas dimensões aos sentidos em seu processamento neurossináptico e, sobretudo, à percepção de si –, como a própria ação cotidiana individual passa a ser teleologicamente direcionada à projeção da própria imagem, ou pelo menos das representações de si, como mais uma mercadoria a ser barganhada no mercado de *likes*.

É preciso lembrar, no entanto, que a despersonalização reificadora que acompanha essa mercantilização da vida não exclui o valor de uso – bem como a utilidade social – das tecnologias e, muito menos, das aplicações infinitamente diversas que elas possam ter, nem anula, totalmente, a criatividade e a liberdade humanas, embora as restrinja violentamente.

A percepção dessa fusão biopsicossociotecnológica levou Donna Haraway[5] a declarar, ainda em 1985, o manifesto ciborgue. Para ela, o

---

[5] Donna Haraway, "Manifesto ciborgue: ciência, tecnologia e feminismo-socialista no final do século XX", em Donna Haraway, Hari Kunzru e Tomaz Tadeu (orgs.),

156 • Colonialismo digital

"conceito de biopolítica de Michel Foucault não passa de uma débil premonição da política-ciborgue – uma política que nos permite vislumbrar um campo muito mais aberto"[6].

Um dos pontos da crítica é quanto o acesso a determinadas tecnologias tem reificado as relações sociais, mas também nossa subjetividade. Tendo esse aspecto em vista, o filósofo sul-coreano Byung-Chul Han[7] defende estarmos vivendo em uma sociedade do desempenho, que se estrutura pela elaboração de um psicopoder explorador da liberdade humana. Esse argumento – embora carente das mediações econômicas que nos permitiriam chegar à crítica da apropriação do valor – parece oferecer importantes contribuições para avaliarmos o poder de modulação de comportamento e de predição oferecidos pelo big data.

O fordismo-taylorismo, durante a vigência da chamada Indústria 2.0[8], teria sonhado em moldar um trabalhador-bovino, totalmente alienado, em sua função de apêndice da máquina, através de um poder disciplinar e negativo, um *hard power*. Esse poder acabava por suscitar o surgimento de rebeldias de todo gênero, pois o fracasso social levava à contestação do sistema. Tratava-se de uma sociedade contraditoriamente perigosa que unia grandes massas de trabalhadores no mundo das fábricas. No entanto, a chamada "acumulação flexível", "imaterial", "pós-industrial" e "pós-fordista" permite, agora, que o sujeito sinta estar no controle quando, na verdade, acaba interpelado por estruturas que mal conhece e controla, como é o caso do big data e seus algoritmos frios.

Para Han, o novo poder se pauta pela exploração da liberdade, não por sua restrição. O sujeito que "fracassa" na sociedade atual não se torna um rebelde, e sim um depressivo, pois o poder inteligente internaliza nele o processo de fracasso social como um fracasso individual.

Antropologia do ciborgue: as vertigens do pós-humano (2. ed., Belo Horizonte, Autêntica, 2009).

[6] Ibidem, p. 37.

[7] Byung-Chul Han, *Sociedade do cansaço* (trad. Enio Paulo Giachini, Petrópolis, Vozes, 2015); *Sociedade da transparência* (trad. Enio Paulo Giachini, Petrópolis, Vozes, 2017); e *Psicopolítica: o neoliberalismo e as novas técnicas de poder* (trad. Mauricio Liesen, Belo Horizonte, Âyiné, 2018).

[8] A chamada Segunda Revolução Industrial, ou Indústria 2.0, foi marcada pelo advento da eletricidade e da produção em massa, possibilitada pelo taylorismo e pelo fordismo.

A hiperconectividade psicopolítica e a deficiência de conexão • 157

Em decorrência disso, aponta o filósofo, nossa percepção a respeito das doenças mudou. Se antes os páthos manifestados eram a histeria, a paranoia e a esquizofrenia, as doenças agora são aquelas ligadas à exploração da psique, via mineração de dados e biodados e decorrentes da estafa mental e física devido ao trabalho: burnout, ansiedade e déficit de atenção. Para ele, o novo e ainda mais poderoso panóptico é composto de nós mesmos, através do smartphone e da tecnologia mobile em geral (como as câmeras frontais, traseiras e panorâmicas de nosso smartphone, que tiram selfie de nosso corpo, de nossa residência e de nossas partes íntimas).

Na sociedade do cansaço, argumenta Han, busca-se um sujeito do desempenho, um "empresário de si", dentro do qual a luta de classes e seus agentes repressivos seriam internalizados: seria esse o delírio distópico final da ideologia capitalista? Uma ideologia que eleva todos a "colaboradores", "empresários", visando ao amortecimento da luta de classes efetiva? Para Han[9], "o sujeito contemporâneo é um empreendedor de si mesmo que se autoexplora. [...] O sujeito digitalizado e conectado é um *pan-óptico de si mesmo*".

A ludificação, a gamificação e a datificação da vida que se utilizam das técnicas e da estética política dos jogos eletrônicos são elementos motivacionais da pedagogia empresarial, uma ética de guerra em que se ganham emblemas, bônus, prêmios e até mesmo créditos em jogos *pay to win*, além de itens e roupas virtuais com NFT[10], criando uma falsa aura que será a base dos metaversos. A gamificação – entendida como o uso de elementos de jogos (analógicos ou digitais) em sistemas e artefatos que originalmente não possuíam tais aspectos[11] – das relações de trabalho é um dos elementos do processo de uberização da economia, mas também da gestão de guerras reais em que corpos de carne e ossos são dilacerados por mísseis controlados a milhares de quilômetros de distância.

Na sociedade do desempenho, continua Han, as tecnologias de poder psicopolíticas são o dispositivo da transparência de dados e o big data. O dispositivo da transparência de dados visa a eliminar a negatividade, tornando tudo raso e padronizado para que a comunicação e sua consequente

---

[9] Byung-Chul Han, *Psicopolítica*, cit., p. 85, grifo do autor.

[10] *Non-fungible token*. Os tokens não fungíveis são a febre do momento e serão analisados no próximo capítulo.

[11] Delmar Domingues, "O sentido da gamificação", em Lucia Santaella, Sérgio Nesteriuk e Fabricio Fava, *Gamificação em debate* (São Paulo, Blucher, 2018).

158 • Colonialismo digital

mercadificação fluam melhor, configurando um inferno do igual, e o big data é o dispositivo que permite acelerar o produtivismo e, ao mesmo tempo, explorar a liberdade, substituindo em velocidade, eficiência e aceitação o velho e negativo panóptico foucaultiano. Aqui atuam um poder positivo e uma violência da positividade.

O filósofo sul-coreano retoma Freud para argumentar que sabemos, desde a criação da psicanálise, que o ser humano não é transparente nem consigo mesmo, pois é condicionado por elementos do inconsciente que lhe escapam[12], mas, assim como em um filtro de imagem do Instagram, a positividade compulsória visa a varrer qualquer ruído para debaixo do tapete, a fim de apresentar imagens vendáveis, mercadificadas.

Partindo dos conceitos de "valor de culto" e "valor de exposição", cunhados por Walter Benjamin em seu famoso livro *A obra de arte na época de sua reprodutibilidade técnica*, Han afirma que a coação por exposição aniquila a aura, pois, quanto mais exposto, mais o valor de culto evanesce. Já o valor de exposição, em seu argumento, constitui a essência perfeita de um enigmático capitalismo, pois se apresenta como algo que "não pode ser reduzido à contraposição marxiana entre valor de uso e valor de troca". Trata-se de um valor que visa a chamar atenção, mas "não é um valor de uso porque está afastado da esfera de uso; tampouco é um valor de troca porque não reflete qualquer força de trabalho. Deve-se unicamente à produção de chamar atenção"[13].

Se o cinema, analisado por Benjamin, deu acesso ao inconsciente óptico, o big data, analisado por Han, acessa e explora o inconsciente digital. Para ele, o big data "faria um ego a partir do id que se deixa explorar psicopoliticamente". A memória digital é sem intervalos, sem narrativa, é uma adição de dados sobre dados. Ela anula o direito de ser esquecido. Falta uma dimensão narrativa que é própria do vivente: "A memória digital se constitui de momentos presentes indiferentes, ou, por assim dizer, de momentos zumbis. [...] A temporalidade digital é a dos mortos-vivos"[14].

Embora ignore a noção marxista de valor de troca[15], curiosamente, Han argumenta que nosso semblante se mercadifica ao nos expormos às

---

[12] Byung-Chul Han, *Sociedade da transparência*, cit.

[13] Ibidem, p. 17.

[14] Byung-Chul Han, *Psicopolítica*, cit., p. 93.

[15] Essa abordagem permitiu aos teóricos da chamada Escola de Frankfurt a denúncia da indústria cultural como um dos elementos que atuaram na diminuição do tempo de

A hiperconectividade psicopolítica e a deficiência de conexão • 159

redes sociais, tornando-se uma *face*, que é a forma mercadoria do rosto. "Na fotografia digital toda negatividade é expurgada. Não precisa mais de câmara escura nem de processamento, não precisa ser precedida por nenhum *negativo*. É puro *positivo*."[16]

Até mesmo o envelhecimento atrelado à fotografia analógica é banido, não há devir na foto digital e na *face*. Não há a dialética do próximo e do distante, ou seja, a aura é aniquilada. "Na sociedade expositiva cada sujeito é seu próprio objeto-propaganda; tudo se mensura em seu valor expositivo. [...] É uma sociedade pornográfica; tudo está voltado para fora, desvelado, despido, desnudo, exposto."[17]

Parece que a pornografia do corpo e da alma é mais efetiva que o moralismo para controle e, por fim, destruição do eros:

> O pornô não aniquila apenas o eros, mas também o sexo. A exposição pornográfica não causa apenas uma alienação do prazer sexual, mas o torna impossível; torna impossível *viver o prazer*. Assim, a sexualidade se dissolve na performance feminina do prazer e na visão de desempenho masculino; o prazer exposto, colocado sob holofotes, já não é prazer.[18]

O ponto, para Han, é que o big data e a coação por exposição, a transparência como tecnologia de poder psicopolítico, substituem o jogo ambíguo da sedução – com seus mistérios, suas encruzilhadas e suas negatividades – por um procedimento que inibe a tensão erótica. Em aplicativos como o Tinder, com os olhos vidrados e os dedos passando imagens na tela, o outro é subsumido no inferno do igual, e o sexo se torna mero escolher mercadorias em um catálogo: "Uma fruição imediata que não permite qualquer tipo de contorno imaginativo"[19].

Ao mesmo tempo, a fixação por fitness é explicada pelo filósofo sul--coreano como uma operação de maximização do valor expositivo: é uma violenta coação para ser belo, ser eternamente jovem, ter a aparência otimizada. Não se tira foto do treino, mas, sim, treina-se para tirar foto. Em um

---

rotação do capital. Ver Marcos Dantas et al., *O valor da informação: de como o capital se apropria do trabalho social na era do espetáculo e da internet* (São Paulo, Boitempo, 2022).

[16] Byung-Chul Han, *Sociedade da transparência*, cit., p. 18, grifos do autor.

[17] Ibidem, p. 20.

[18] Idem, grifo do autor.

[19] Ibidem, p. 25.

160 • Colonialismo digital

cenário que já podemos nomear de biopunk, adolescentes querem produzir na carne o que os filtros do Instagram criam no ciberespaço, em realidade aumentada. Assim, o uso abusivo de plásticas e substâncias estéticas torna-se imperativo para sustentar a autoimagem.

Junto ao panóptico atua um *banóptico*, que identifica e bane os indesejados ao sistema[20]. Nos catálogos de perfis das empresas de big data, se você é considerado economicamente baixo, é classificado como *waste* [lixo]; já perfis com potencial consumidor são os *shooting star*: são pessoas dinâmicas, casadas, "entre 36 e 45 anos, sem filhos, levantam cedo para correr, gostam de viajar e veem *Seinfield*"[21]. Uma tentativa de emular novas classes digitais, modulando o acesso a crédito, por exemplo.

Há uma série de problemas que podem ser elencados na abordagem proposta por Han. Em primeiro lugar, o poder comentado por ele é dotado de uma autonomia tal que acaba ocultando as disputas em torno da apropriação dos tempos de trabalho. Além disso, não nos parece adequado ver o fordismo, caracterizado pela Indústria 2.0, como um *paradigma de poder*, mas, sim, como uma etapa concreta do desenvolvimento capitalista que se valia de elementos políticos, ideológicos e subjetivos próprios a sua reprodução material. Isso não retira a importância de pensarmos a dominação psíquica implícita às novas tecnologias digitais, apenas a equaciona como elemento particular em seu contexto material concreto.

Como vimos anteriormente, o esgotamento do fordismo não levou à sua superação – muito menos à sua substituição por um "novo paradigma" –, mas a uma reconfiguração do processo produtivo que manteve seus traços fundamentais, por exemplo, a apropriação dos tempos de trabalho para as finalidades da acumulação de capitais. É verdade que essa transição suscitou o aparecimento de novas formas de sofrimento e adoecimento psicológico, próprias das novas posturas exigidas aos indivíduos, mas essa exigência não vem de um poder puramente político, e sim das tecnologias de gestão social voltadas a atender as novas necessidades do capital.

Por fim, ao contrário do que supõe o filósofo, acreditamos que a superexposição de si pode ser entendida tanto como valor de uso quanto como valor de troca: é valor de uso porque permite satisfazer determinada necessidade material, biológica ou espiritual, mas é cada vez mais reduzida a valor de

---

[20] Idem.

[21] Ibidem, p. 91.

troca quando sua produção passa a ser mediada por certa monetização – financeira ou simbólica – de sua aparição.

Mas o principal limite da tese de Han não é esse. Ao tratar a exposição no âmbito individual como uma escolha do indivíduo, o empreendedor de si mesmo que voluntariamente busca conforto em sua própria alienação, Han ignora uma premissa marxista muito básica, presente em *O 18 de brumário de Luís Bonaparte*, de 1852, a respeito da liberdade: "Os homens fazem a sua própria história; contudo, não a fazem de livre e espontânea vontade, pois não são eles quem escolhem as circunstâncias sob as quais ela é feita, mas estas lhes foram transmitidas assim como se encontram"[22]. As circunstâncias que mediam a suposta servidão voluntária ao big data são um complexo e engenhoso aparato de controle social e indução de escolhas. Algoritmos desenhados para capturar a atenção, os padrões de vida e a energia vital de pessoas para vendê-los no mercado trilionário de dados.

A ideia de um servo superegoico cujo senhor paterno é ele mesmo torna--se atraente e indica, de fato, o quanto o mercado tem buscado colonizar o desejo, os sonhos e até as interdições, mas ela não dá conta de explicar as mediações sociais externas a essas escolhas… Na verdade, essa ideia as misti-fica e as trata como se fossem responsabilidade do indivíduo. Um motorista de aplicativo não trabalha vinte horas por dia apenas porque interiorizou seu patrão, mas porque a porcentagem repassada a ele por seu próprio trabalho é tão pequena que trabalhando menos que isso ele não consegue o básico para reproduzir biologicamente a si e a sua família.

Por essa razão, é oportuno retomar a definição de colonialismo de dados oferecida por Nick Couldry e Ulises Mejias[23]. Para eles, "nossas relações coti-dianas com os dados estão se tornando coloniais por natureza" e provocando alterações nas relações de poder a partir de uma convergência jamais vista entre o *poder econômico* (poder de criar valor) e o *poder cognitivo* (poder sobre

---

[22] No mesmo caminho, Frantz Fanon lembrará que, ao lado da filogenia e da ontogenia, é sempre necessário considerar a dimensão sociogênica dos fenômenos psíquicos, sob o risco de se limitar a análises individualizantes. Ver Frantz Fanon, *Pele negra, máscaras brancas* (São Paulo, Ubu, 2020); Deivison Faustino, *Frantz Fanon e as encruzilhadas: teoria, política e subjetividade* (São Paulo, Ubu, 2022). Karl Marx, *O 18 de brumário de Luís Bonaparte* (trad. Nélio Schneider, São Paulo, Boitempo, 2011), p. 25.

[23] Nick Couldry e Ulises Mejias, *The Costs of Connection: How Data Is Colonizing Human Life and Appropriating It for Capitalism* (Stanford, Stanford University Press, 2019).

162 • Colonialismo digital

o conhecimento). No entanto, a análise do big data não pode ser separada de dois elementos essenciais: 1) a infraestrutura externa em que é armazenado; e 2) a geração de lucro a que se destina. Como argumentam os autores:

> Por dados entendemos os fluxos de informação que passam da vida humana em todas as suas formas para as infraestruturas de recolha e processamento. Esse é o ponto de partida para gerar lucro a partir dos dados. Nesse sentido, os dados abstraem a vida, convertendo-a em informação que pode ser armazenada e processada por computadores, e se apropriam da vida, convertendo-a em valor para um terceiro.[24]

O big data é o coração gelado do colonialismo de dados, pois fundamenta um controle psicopolítico através de *data science* e *microtargeting*. Com o processamento do big data, é possível modular e predizer comportamentos de eleitores, criando um novo tipo de marketing político, como aquele usado por Steve Bannon para eleger Donald Trump.

Para Han[25], o big data – e podemos acrescentar o colonialismo de dados – é um Big Brother e um Big Deal. Big Brother no sentido do Grande Irmão que nos vigia, em pleno "mundo livre" – afinal, diferente do pano de fundo da distopia orwelliana, que visava a criticar o socialismo, vivemos sob o olhar do Grande Empreendedor Capitalista. Big Deal pois é um grande negócio, a mina de ouro do século XXI. Empresas como a Acxiom oferecem no catálogo dados de 300 milhões de estadunidenses, criando classificações dos perfis e novas classes digitais.

Sadin[26] crítica as indústrias digitais, a matematização da vida através dos algoritmos e o big data que fortalece o avanço do tecnoliberalismo. Ele evoca Husserl em *A crise das ciências europeias e a fenomenologia transcendental*: "A matematização produz como consequência uma causalidade natural sobre si mesma, na qual todo evento recebe uma determinação unívoca e *a priori*".

No longa-metragem interativo *Bandersnatch*, ligado à série *Black Mirror*, o protagonista, um programador de games, um artesão *high-tech*, vive a sensação paranoica de que sua vida é controlada por uma força externa que o obriga a tomar decisões. Na verdade, esse *grande Outro* – em que a liberdade de escolha do protagonista é depositada – é o próprio usuário da

---

[24] Ibidem, p. xix, tradução nossa.

[25] Byung-Chul Han, *Psicopolítica*, cit.

[26] Éric Sadin, *La vie algorithmique: critique de la raison numérique* (Paris, L'Échappée, 2015), p. 9, tradução nossa.

A hiperconectividade psicopolítica e a deficiência de conexão • 163

Netflix, que escolhe eufórico, com seu controle remoto na mão, o destino do personagem, como nos livros-jogos baseados em RPG. Indo a zonas de realidades não visíveis, o filme se desvela como uma representação da vida do próprio usuário do serviço de streaming inimigo número um da liberdade na internet. Sob a bruma binária da liberdade de escolha, somos manipulados em tempo real: nossos dados são capturados e nosso inconsciente digital é explorado através do monitoramento e processamento de tudo o que vemos. Até mesmo elencos são montados em cima do *data science* da Netflix.

A Netflix ilustra a ideologia do livre-arbítrio, que esconde um dos esquemas mais potentes de controle dos sujeitos já vistos. A ideologia se reproduz muito mais profundamente pela forma que pelo conteúdo. A Netflix financia séries sofisticadas e aparentemente críticas, como *Black Mirror*, que sofreu uma netflixização quando foi adquirida pela corporação de entretenimento. Na verdade, não importa se a série é crítica; estando no formato de streaming que explora seus clientes psicopoliticamente, ela faz parte do emaranhado de poder que se projeta além das belas telas 4k em alta definição.

A *ideologia dataísta*, tal como na delirante imagem de um rabo abanando seu cachorro[27], leva a crer que estamos em uma sociedade do conhecimento ou informacional, mas sem totalidade, silogismo ou narrativa; o big data não possui espírito nem conceito próprios. Nesse aspecto, a leitura que Han faz de Hegel parece interessar: "Para Hegel, o filósofo do espírito, o conhecimento total prometido pelos big data pareceria um não saber absoluto"[28]. É mera adição de dados, algo morto, sem narrativa, sem *anima*.

Hoje, porém, o vale do Silício fica feliz em nos fornecer uma multiplicidade de ferramentas para enfrentar o sistema, ferramentas produzidas lá

---

[27] Terezinha Ferrari, *Fabricalização da cidade e ideologia da circulação* (São Paulo, Outras Expressões, 2012).

[28] Byung-Chul Han, *Psicopolítica*, cit. Ele ainda diz: "Em *A ciência da lógica*, Hegel afirma: 'O silogismo é o racional e todo o racional'. Para ele, o silogismo não é uma categoria da lógica formal. Um silogismo ocorre quando o começo e o fim de um processo formam uma conexão com sentido, uma unidade doadora de sentido. Portanto, ao contrário da mera adição, a narração é um silogismo. O *conhecimento* é um silogismo. Os rituais e as cerimônias também são formas de silogismo. Eles representam um processo narrativo. Assim, têm tempo, ritmo e compasso próprios. Como narrativa, escapam à aceleração. Por outro lado, onde todas as formas silogísticas se deterioram, tudo escorre sem *parar*. A aceleração total ocorre em um mundo onde tudo se tornou aditivo e cada tensão narrativa, cada tensão vertical, foi perdida". Ibidem, p. 97.

164 • Colonialismo digital

mesmo, no vale do Silício: a Uber nos oferece serviços de transporte que se contrapõem ao setor existente de táxis; o Airbnb nos ajuda a encontrar acomodações e evitar o setor hoteleiro; a Amazon se encarrega de vender livros sem passar pelas livrarias; para não mencionar os incontáveis aplicativos que nos vendem vagas de estacionamento, nos arranjam parceiros sexuais, fazem reservas para nós em restaurantes. Não resta quase nenhuma restrição social, econômica ou política que o vale do Silício não tenha se empenhado em romper.[29]

O colonialismo de dados explora o jogo, a comunicação e a emoção, um sistema muito eficiente que explora a liberdade. A comunicação mercadificada deve ser acelerada a ponto de retirar todas as barreiras da alteridade e da negatividade, do demorar-se a si, todos os umbrais e ocos. A opacidade do outro é banida em prol do inferno do igual. Aliás, vale lembrar que o branco, o europeu ou o Ocidente seguem sendo tomados como o caminho, a verdade e a vida, e qualquer usuário pode encontrar a si nos novos templos virtuais do capitalismo. Qualquer negatividade, contradição ou ambiguidade deve ser eliminada, e, frequentemente, traços negroides, adiposos ou de envelhecimento, a performance dissidente de gênero ou mesmo uma posição crítica diante do imperativo de corpos supostamente sarados ostentando copos de cerveja artesanal ou receitas detox são tomados como tóxicos ou indesejáveis.

O dispositivo da transparência cumpre os desígnios mais profundos da mercantilização total da vida. Assim, a exploração da vida através da extração de dados de nossa experiência e de nossos corpos (biodados) não basta: com a IoT as coisas nos vigiam também, numa comunicação *machine to machine*, gerando volumes inimagináveis de dados entre a smartgeladeira, o smartfogão e a smartTV.

A psicopolítica digital é possibilitada pelo big data, que penetra no inconsciente digital, inclusive com poder de intervir e influenciar a psique no nível pré-reflexivo[30].

Cada dispositivo, cada técnica de dominação, produz seus próprios objetos de devoção, que são empregados para a submissão, *materializando* e estabilizando a dominação. Devoto significa submisso. O smartphone é um objeto digital de devoção. Mais ainda, é o *objeto de devoção digital* por excelência.

---

[29] Evgeny Morozov, *Big Tech: a ascensão dos dados e a morte da política* (trad. Claudio Marcondes, São Paulo, Ubu, 2018), p. 18.

[30] Byung-Chul Han, *Psicopolítica*, cit.

A hiperconectividade psicopolítica e a deficiência de conexão • 165

Como aparato de subjetivação, funciona como o rosário, e a comparação pode ser estendida ao seu manuseio. Ambos envolvem autocontrole e exame de si. A dominação aumenta sua eficiência na medida em que delega a vigilância a cada um dos indivíduos. O *curtir* é o amém digital. Quando clicamos nele, subordinamo-nos ao contexto de dominação. O smartphone não é apenas um aparelho de monitoramento eficaz, mas também um confessionário móvel. O Facebook é a igreja ou a sinagoga (que literalmente significa "assembleia") do digital.[31]

Não se trata, portanto, de uma simples alteração dos ritmos de vida ou mesmo da percepção humana pela introdução de novas tecnologias nem de um ato individual de adesão ao despotismo, mas da manipulação intencional da cognição humana a partir dessas tecnologias com vistas à ampliação da acumulação de capitais[32]. São características do neoliberalismo, em que psicopolítica e necropolítica atuam com suas tecnologias de poder, racializadas na implementação do *soft power* e do *hard power*.

---

[31] Ibidem, p. 24, grifos do autor.

[32] Nick Couldry e Ulises Mejias, *The Costs of Connection*, cit.

PARTE III
A DESCOLONIZAÇÃO DOS HORIZONTES TECNOLÓGICOS

11
O FARDO DO NERD BRANCO E A IDEOLOGIA CALIFORNIANA: DA UTOPIA À DISTOPIA

Os primórdios da internet pareciam nos oferecer uma ferramenta definitivamente libertária. Seria uma democratização do acesso ao conhecimento, um processo de desterritorialização que uniria os usuários na "aldeia global". Como vimos, inicialmente a internet era uma tecnologia militar e também das universidades estadunidenses ligadas ao orçamento militar de defesa. No entanto, as tecnoutopias foram dando lugar a um crepúsculo da liberdade na rede, ao subsumirem-se à plataformização da vida. Hoje vemos vigilantismo digital, ciberarmas que espionam dissidentes, mercantilização da vida, transformação da experiência de vida e da expertise dos trabalhadores em código binário...

Parece que toda revolução tecnológica enfrenta esse antagonismo entre privatização monopolista e democratização. Alguns exemplos são a prensa mecânica criada na China por Bi Sheng, no século XI, depois difundida pela Europa por Gutenberg, e as tentativas de controle da tecnologia do livro, primeiro pela Igreja, por meio do *index librorum prohibitorum*, e depois pelo capitalismo, com a criação da propriedade intelectual, o *copyright*. O mesmo ocorreu com a tecnologia da radiodifusão, tão bem analisada por Bertolt Brecht em sua teoria sobre o rádio[1].

A ideologia que imperou no mundo digital foi aquela que emergiu das entranhas das corporações do vale do Silício e, segundo Leonardo Foletto, do BaixaCultura, consiste em

> uma improvável mescla das atitudes boêmias e antiautoritárias da contracultura da costa oeste dos Estados Unidos com o utopismo tecnológico e o

---

[1] Celso Frederico, "Brecht e a 'teoria do rádio'", *Estudos Avançados*, v. 21, n. 60, 2007; disponível on-line.

170 • Colonialismo digital

liberalismo econômico. Dessa mistura hippie com yuppie nasceria o espírito das empresas pontocom do vale do Silício, que passaram a alimentar a ideia de que todos podem ser "*hip and rich*" – para isso basta acreditar em seu trabalho e ter fé que as novas tecnologias de informação vão emancipar o ser humano ampliando a liberdade de cada um e reduzir o poder do estado burocrático.[2]

Barbrook e Cameron definiram a "ideologia californiana" como uma "nova fé" que "emergiu de uma bizarra fusão de boemia cultural de São Francisco com as indústrias de alta tecnologia do vale do Silício"[3]. Foi amplamente difundida junto com a cultura do "faça você mesmo" (DIY, ou *do it yourself*[4]) promovida pela mídia hegemônica estadunidense[5] a partir de um escamoteamento da história da Califórnia, ou seja, o extermínio dos indígenas, a escravização dos africanos e a subalternização dos mexicanos. "Sua visão utópica da Califórnia depende de uma cegueira voluntária frente a outras – e muito menos positivas – características da vida na costa oeste: racismo, pobreza e degradação do meio ambiente."[6]

As principais contradições da ideologia californiana são o culto ao livre mercado e o antiestatismo, sendo que grande parte dos investimentos na internet foram estatais, via militares e universidades. Além disso, essa ideologia

---

[2] Leonardo Foletto, "Introdução", em Richard Barbrook e Andy Cameron, *A ideologia californiana: uma crítica ao livre mercado nascido no vale do Silício* (trad. Marcelo Träsel, União da Vitória/Porto Alegre, Monstro dos Mares/BaixaCultura, 2018), p. 5.

[3] Richard Barbrook e Andy Cameron, *A ideologia californiana*, cit., p. 12.

[4] "Apesar de eles terem sido posteriormente comercializados, a mídia comunitária, a 'nova era', a espiritualidade, o surfe, a comida saudável, as drogas recreativas, música pop e muitas outras formas de heterodoxia cultural emergiram da cena decididamente não comercial estabelecida em volta dos *campi* universitários, comunidades de artistas e comunas rurais. Sem a sua cultura 'faça você mesmo', os mitos da Califórnia não teriam a ressonância global que têm hoje." Ibidem, p. 25.

[5] "Promovida em revistas, livros, programas de televisão, páginas da rede, grupos de notícias e conferências via internet, a ideologia californiana promiscuamente combina o espírito desgarrado dos hippies e o zelo empreendedor dos yuppies. Este amálgama de opostos foi atingido através de uma profunda fé no potencial emancipador das novas tecnologias da informação. Na utopia digital, todos vão ser ligados e também ricos. Não surpreendentemente, esta visão otimista do futuro foi entusiasticamente abraçada por nerds de computador, estudantes desertores, capitalistas inovadores, ativistas sociais, acadêmicos ligados às últimas tendências, burocratas futuristas e políticos oportunistas por todos os EUA." Ibidem, p. 12.

[6] Ibidem, p. 13.

O fardo do nerd branco e a ideologia californiana • 171

professa a crença no Robison Crusoé capitalista: a imagem de um hacker solitário lutando contra o sistema, idealizada pela literatura cyberpunk, não deixa de reproduzir os conceitos do *self-made man* e do *do it yourself* da ideologia californiana. O hacktivismo atual compreende a força do agir coletivo, da coletividade[7].

O elemento que uniu a nova direita e a nova esquerda na costa oeste foi a defesa de uma democracia jeffersoniana, com ideias oriundas de um escravista e latifundiário da Virgínia que assentou a liberdade dos brancos sobre a escravização negra. Para Thomas Jefferson, o negro é um ser humano, mas antes de tudo é uma propriedade, e o direito sagrado da propriedade não poderia ser violado[8]. As contradições envolvendo classe e raça na costa oeste continuaram a se manifestar na ideologia californiana, pois a classe virtual foi formada por brancos, que em geral se retiram para seus bairros vigiados e segregados dos negros e hispânicos[9]. Não podemos deixar de lembrar das palavras de Fanon acerca da compartimentação racializada do espaço colonial, a cidade do colono e a cidade do colonizado[10].

---

[7] Ibidem.

[8] Idem.

[9] "Os desvalidos só participam da era da informação fornecendo mão de obra barata e não sindicalizada para as insalubres fábricas das manufaturas de chips do vale do Silício. Mesmo a construção do ciberespaço pode se tornar um fator essencial da fragmentação da sociedade americana em classes antagonistas racialmente determinadas. Já isolados por companhias telefônicas sedentas de lucro, os habitantes das áreas urbanas centrais pobres são agora ameaçados de exclusão dos novos serviços online pela falta de dinheiro. Em contraste, membros da 'classe virtual' e outros profissionais podem brincar de ser ciberpunks dentro da hiper-realidade sem ter de encontrar algum de seus vizinhos empobrecidos. Em paralelo às sempre maiores divisões sociais, outro apartheid está sendo criado entre os 'ricos de informação' e os 'pobres de informação'. Nesta democracia jeffersoniana de alta tecnologia, a relação entre senhores e escravos resiste sob uma nova forma." Ibidem, p. 31.

[10] "A cidade do colono é uma cidade sólida, toda de pedra e ferro. É uma cidade iluminada, asfaltada, onde as latas de lixo transbordam sempre restos desconhecidos, jamais vistos, nem mesmo sondados. Os pés do colono nunca se mostram, salvo talvez no mar, mas nunca ninguém está bastante próximo deles. Pés protegidos por calçados fortes, enquanto que as ruas de sua cidade são limpas, lisas, sem barracos, sem seixos. A cidade do colono é uma cidade empanturrada, preguiçosa, cujo ventre está permanentemente repleto de boas coisas. A cidade do colono é uma cidade de brancos, de estrangeiros. A cidade do colonizado, ou pelo menos a cidade indígena, a cidade negra, a *medina*, a reserva, é um lugar mal-afamado, povoado de homens mal-afamados. Aí se nasce não importa onde, não importa como. Morre-se não

172 • Colonialismo digital

Cria-se uma dialética do mestre ciborgue e do escravo robô; uma releitura de Hegel poderia nos apoiar nesse processo de desenvolvimento contraditório. Jefferson em sua propriedade escravista produziu uma série de tecnologias para intermediar seu contato com os escravizados. Os brancos da classe sonham com a tecnoutopia do "pós-humano", "uma manifestação biotecnológica dos privilégios" de classe[11]. Não só há o desejo de otimizar o desempenho de modo ciborguiano, como há uma manifestação das bases da ideologia atual, veiculada nas redes sociais, que reforçam a busca de autossatisfação narcísica através de terapias alternativas, misticismo e um egocentrismo que engole o outro em um Grande Eu. Por sua vez, existe a constante fantasia[12] de criar o escravizado perfeito, o *robota*, que em língua eslava significa escravizado, trabalho forçado. Assim como *slave*, "escravo"

---

importa onde, não importa de quê. É um mundo sem intervalos, onde os homens estão uns sobre os outros, as casas umas sobre as outras. A cidade do colonizado é uma cidade faminta, esfomeada de pão, de carne, de sapatos, de carvão, de luz. A cidade do colonizado é uma cidade acocorada, ajoelhada, uma cidade acuada. É uma cidade de negros, uma cidade de árabes. O olhar que o colonizado lança para a cidade do colono é um olhar de luxúria, um olhar de inveja. Sonhos de posse. Todas as modalidades de posse: sentar-se à mesa do colono, deitar-se no leito do colono, com a mulher deste, se possível. O colonizado é um invejoso. O colono sabe disto; surpreendendo-lhe o olhar, constata amargamente mas sempre alerta: 'Eles querem tomar o nosso lugar'. É verdade, não há um colonizado que não sonhe pelo menos uma vez por dia em se instalar no lugar do colono." Frantz Fanon, *Os condenados da terra* (trad. Enilce Rocha e Lucy Magalhães, Juiz de Fora, Editora UFJF, 2005), p. 55-6.

[11] Richard Barbrook e Andy Cameron, *A ideologia californiana*, cit.

[12] "Apesar destas fantasias, os brancos da Califórnia continuam dependentes de seus colegas humanos de pele mais escura para trabalhar em suas fábricas, colher seus cereais, cuidar de suas crianças e cultivar seus jardins. Após os tumultos de Los Angeles, eles cada vez mais temem que esta 'subclasse' vá um dia exigir sua libertação. Se escravos humanos não são totalmente confiáveis, então escravos mecânicos terão de ser inventados. A busca pelo Santo Graal da 'inteligência artificial' revela este desejo pelo Golem – um forte e leal escravo cuja pele tem a cor da terra e cujas entranhas são feitas de areia. Como nas histórias de robôs de Asimov, os tecnoutópicos imaginam ser possível obter mão de obra como a escrava por meio de máquinas inanimadas. Porém, apesar de a tecnologia poder armazenar ou amplificar o trabalho, ela não pode nunca remover a necessidade de os humanos inventarem, construírem e manterem estas máquinas em primeiro lugar. Trabalho escravo não pode ser obtido sem escravizar alguém. Por todo o mundo, a ideologia californiana foi aceita como uma forma otimista e emancipadora de determinismo tecnológico. Porém, esta fantasia utópica da costa oeste depende de sua cegueira frente à – e dependência de – polarização social e racial da sociedade em que nasceu." Ibidem, p. 33.

se origina da palavra "eslavo", devido à escravização dos povos eslavos pelo Sacro Império Romano-Germânico (Primeiro Reich).

Por fim, afirmamos que a ideologia californiana também se manifesta como a reabilitação do fardo do homem branco. Reconfigurada e adaptada ao vale do Silício e suas instituições filantrópicas, suas fundações, que buscam levar a conexão aos desconectados do Sul global. É o fardo do nerd branco, uma *mission civilizatrice* vista como a benevolência das big techs.

Em *A nova era digital*, os senhores Schmidt e Cohen assumem alegremente o fardo do "nerd branco". O texto é cheio de figuras de pele escura convenientes e hipotéticas: pescadores congoleses, designers gráficos de Botsuana, ativistas anticorrupção de San Salvador e criadores de gado analfabetos do povo massai no Serengeti são todos obedientemente convocados para demonstrar as propriedades progressistas dos telefones do Google conectados à cadeia de fornecimento de informações do império ocidental [...]. *A nova era digital* é uma obra funestamente seminal, e nenhum dos autores parece ter a capacidade de enxergar, e muito menos de expressar, a titânica perversidade centralizadora que estão construindo.[13]

Embora estejamos tratando, fundamentalmente, de um arsenal teórico muito mais crítico que esse, a revisão bibliográfica que sustentou este trabalho nos fez perguntar se esse campo de estudos não é, em sua grande maioria, contaminado pelo "fardo do nerd branco". Frantz Fanon nos lembra que o racismo não se expressa apenas nas ofensas abertamente violentas ou estereotipadas, mas, sobretudo, na suposta universalização dos referenciais particulares europeus. Uma espécie de identitarismo branco[14] permite ao pensamento crítico se supor radical sem, contudo, enfrentar as dimensões raciais da exploração de classe[15].

---

[13] Julian Assange, *WikiLeaks: quando o Google encontrou o WikiLeaks* (trad. Cristina Yamagami, São Paulo, Boitempo, 2015), p. 58.

[14] Sobre o identitarismo branco, ver Eduardo Sombini, "Obra de Fanon questiona identitarismo branco, afirma pesquisador", *Folha de S.Paulo*, 5 mar. 2022; disponível on-line.

[15] Ver Deivison Faustino, "Frantz Fanon: capitalismo, racismo e a sociogênese do colonialismo", *SER Social*, v. 20, n. 42, 2018; disponível on-line; idem, "A 'interdição do reconhecimento' em Frantz Fanon: a negação colonial, a dialética hegeliana e a apropriação calibanizada dos cânones ocidentais", *Revista de Filosofia Aurora*, v. 33, n. 59, ago. 2021; disponível on-line.

12
INTERNET E REDES SOCIAIS

Por ora, gostaríamos de chamar atenção para o verdadeiro e irônico *dilema (sociorracial) das redes*. Para tal, propomos um diálogo entre pesquisadores das relações entre tecnologia da informação e trabalho, como Shoshana Zuboff, e estudiosos do racismo, como Frantz Fanon e Achille Mbembe.

A principal tese de Zuboff[1] é a de que a Google Inc. inaugurou uma lógica de exploração e acumulação na internet pautada por novas expressões de poder – práticas institucionalizantes e pressupostos operacionais – ao consolidar o uso de mecanismos inesperados e frequentemente ilegíveis de extração, mercantilização e controle. Esse novo cenário, nomeado por ela "capitalismo de vigilância", se diferenciaria do capitalismo clássico ao incorporar, como meio de acumulação, a conversão (codificação em dados comportamentais) da experiência humana, como uma matéria-prima a ser cultivada e vendida.

A título de exemplo, como informa Assange,

> o sucesso do Google se baseou na vigilância comercial de civis por intermédio dos "serviços" oferecidos: buscas na internet, e-mail, redes sociais etc. Nos últimos anos, contudo, o Google vem expandindo a vigilância, controlando celulares e tablets. O sucesso do Android, o sistema operacional do Google lançado em 2008, deu à empresa uma participação de 80% no mercado de smartphones. O Google alega que mais de 1 bilhão de dispositivos Android foram registrados, atualmente a uma velocidade de mais de 1 milhão de aparelhos novos por dia. [...] Com o Android, o Google controla dispositivos que as pessoas utilizam rotineiramente para se conectar à internet. Cada dispositivo envia ao Google estatísticas de utilização, localização e

---

[1] Soshana Zuboff, "Big Other: Surveillance Capitalism and the Prospects of an Information Civilization", *Journal of Information Technology*, v. 30, n. 1, 2015.

outros dados. Isso lhe dá um poder sem precedentes de vigiar e influenciar as atividades de seus usuários, tanto na internet quanto em suas atividades cotidianas. Outros projetos do Google, como o "Glass Project" e o "Project Tango", visam a expandir a ubiquidade do Android, estendendo ainda mais os recursos de vigilância do Google no espaço que circunda seus usuários.[2]

Como afirmado certa vez pelo desenvolvedor da Microsoft Andrew Lewis, "se você não está pagando pelo produto, você não é cliente; você é o produto sendo vendido"[3]. Em um artigo onde comenta o já mencionado documentário *O dilema das redes*, Mauro Iasi[4] mobiliza a teoria marxista do valor para refutar a tese de que o desenvolvimento informacional transforma os trabalhadores em mercadorias. Embora concordemos integralmente com a objeção levantada por Iasi, julgamos ser conveniente explorar o uso que Achille Mbembe faz dela em sua tese sobre o "devir-negro no mundo"[5].

Para Mbembe, a característica fundamental do ser humano contemporâneo – sujeito do mercado e da dívida e, sobretudo, empreendedor de si mesmo – é ser cada vez mais reduzido àquilo que séculos atrás era a sina exclusiva de africanos e indígenas escravizados. Segundo seu argumento, a *condição negra*, em seu aprisionamento reificador, agora seria partilhada por todos os seres humanos, cada vez mais reduzidos à animalização e à coisificação que os transformam em mercadorias. Em suas palavras,

> um indivíduo aprisionado em seu desejo. O seu gozo depende quase inteiramente da capacidade de reconstruir publicamente sua vida íntima e de oferecê-la no mercado como uma mercadoria passível de troca. Sujeito neuroeconômico absorvido por uma dupla inquietação, decorrente de sua animalidade (a reprodução biológica de sua vida) e de sua coisidade (a fruição dos bens deste mundo), esse *homem-coisa*, *homem-máquina*, *homem-código* e *homem-fluxo* procura antes de mais nada regular a sua conduta em função de normas do mercado, sem sequer hesitar em se autoinstrumentalizar e instrumentalizar os outros para otimizar a sua parcela de fruição.

---

[2] Julian Assange, *WikiLeaks: quando o Google encontrou o WikiLeaks* (trad. Cristina Yamagami, São Paulo, Boitempo, 2015), p. 53.

[3] *"If you are not paying for it, you're not the customer; you're the product being sold."* Andrew Lewis, "Blue Beetle's Profile", *Metafilter*, 2010.

[4] Mauro Iasi, "O dilema do dilema das redes: a internet é o ópio do povo", *Blog da Boitempo*, out. 2020; disponível on-line.

[5] Achille Mbembe, *Crítica da razão negra* (trad. Sebastião Nascimento, São Paulo, n-1, 2018).

Condenado à aprendizagem por toda a vida, à flexibilidade, ao reino do curto-prazo, deve abraçar sua condição de sujeito solúvel e fungível, a fim de atender à injunção que lhe é constantemente feita – tornar-se um outro.[6]

Esse caminho argumentativo é interessante porque tematiza, em primeiro lugar, algumas mudanças sociais, econômicas, culturais e subjetivas reais que estão em curso ou em franca experimentação. Os exemplos não são destrinchados aqui, mas eles apontam cada vez mais para uma mercantilização da vida em todos os aspectos. Em segundo lugar, essa argumentação alerta para o caráter reificador, ou seja, desumanizador e fetichizado, desse movimento.

No entanto, a nosso ver, devem-se estabelecer limites ao tomar esse "novo" como distintamente diferente do "velho" capitalismo, perdendo de vista ou secundarizando aquilo que permanece, mais vigoroso que antes, em primeiro lugar: a velha exploração de mais-valor, que agora não se restringe mais às paredes da fábrica, uma vez que o próprio espaço urbano mundial vem sendo cada vez mais configurado como uma grande fábrica ampliada[7].

Não se trata aqui de minimizar os ganhos políticos e culturais obtidos com a internet nem muito menos de subestimar o vigor e a abrangência desse agenciamento no plano da cultura de massas. Cabe lançar a provocação, no entanto, a respeito dos meios utilizados e, sobretudo, de limites e riscos apresentados por eles. Se há certa colonização da rebeldia e um desejo de transformação por parte dos grandes centros de poder através do direcionamento de nosso engajamento para a ampliação de seus lucros, cabe não perder de vista o debate sobre estratégias e meios alternativos de comunicação.

Há uma importante agenda transnacional de discussão e produção colaborativa e cooperativa de plataformas e estratégias seguras de comunicação, protagonizadas pelo Movimento Software Livre, mas que ainda são ignoradas pela maior parte do ativismo antirracista e anticapitalista[8]. Há uma infinidade de iniciativas e organizações que têm buscado hackear a lógica das plataformas, denunciando e combatendo seu vigilantismo.

---

[6] Ibidem, p. 16-7, grifos do autor.

[7] Terezinha Ferrari, *Fabricalização da cidade e ideologia da circulação* (São Paulo, Outras Expressões, 2012).

[8] Manuel Castells, *Redes de indignação e esperança: movimentos sociais na era da Internet* (trad. Carlos Alberto Medeiros, Rio de janeiro, Zahar, 2013).

Para citar um exemplo brasileiro, Bianca Kremer Nogueira Corrêa[9], em seu estudo seminal em que mobiliza Cheikh Anta Diop e Lélia Gonzalez para pensar o direito nas redes, propõe a existência de uma internet em pretuguês. Organizações como o Observatório do Cooperativismo de Plataforma, o Núcleo de Tecnologia do MTST, o InternetLab, a Rede Latino-Americana de Estudos sobre Vigilância, Tecnologia e Sociedade (Lavits), a Coalizão por Direitos na Rede, o Digilabour, entre outras, têm levado à frente múltiplas possibilidades de ativismo na internet, promovendo um debate sobre a influência das novas tecnologias – sobretudo a internet – na sociedade.

Essa agenda, em seus variados modos de funcionamento, desafia as ciências sociais e humanas ao pautar-se por uma ecologia reticular interativa não antropomórfica e horizontalizada[10] de grande potencial subversivo, neste contexto de tendente ciborguização da experiência humana, em seus deslocamentos espaçotemporais do ser, do poder e do saber. Uma análise mais cuidadosa poderia explorar detidamente as oportunidades oferecidas por esse movimento ao ciberativismo antirracista, feminista e anticapitalista. Isso exigiria, porém, uma diferenciação mais precisa entre internet e redes sociais.

A primeira é uma rede compartilhada de computadores dispersos pelo globo terrestre através de um protocolo comum de comunicação. Já as redes sociais são "estruturas" sociais compostas de pessoas conectadas por determinados tipos de relações que antecedem e extrapolam a internet, não dependendo dela para existir. As redes sociais digitais são um tipo específico de redes proprietárias mediadas pela internet. A observação desse aspecto evita que se reduzam as redes sociais à internet, e, por sua vez, que se reduza o debate sobre a internet às plataformas virtuais controladas pelos grandes monopólios neocoloniais informacionais, perdendo de vista, portanto, as possibilidades reais de subversão que se abriram neste novo contexto.

---

[9] Bianca Kremer Nogueira Corrêa, *Direito e tecnologia em perspectiva amefricana: autonomia, algoritmos e vieses raciais* (tese de doutorado, Rio de Janeiro, PUC-Rio, 2021).

[10] Para Di Felice, os movimento net-ativistas são portadores de um novo tipo de ecologia que reúne e agrega "humanos, circuitos informativos, interfaces, dispositivos de conexões, bancos de dados, social network, imprensa, mídias etc.". Massimo di Felice, "Ser redes: o formismo digital dos movimentos net-ativistas", *Matrizes*, v. 7, n. 2, jul.-dez. 2013, p. 64.

Internet e redes sociais • 179

No já mencionado *Grundrisse*, mais precisamente no "Fragmento sobre as máquinas", Marx aborda, com o conceito de *intelecto geral*, a transformação da capacidade objetivada do conhecimento em força produtiva.

A natureza não constrói máquinas nem locomotivas, ferrovias, telégrafos elétricos, máquinas de fiar automáticas etc. Elas são produtos da indústria humana; material natural transformado em órgãos da vontade humana sobre a natureza ou de sua atividade na natureza. Elas são órgãos do cérebro humano criados pela mão humana; força do saber objetivada. O desenvolvimento do capital fixo indica até que ponto o saber social geral, conhecimento, deveio força produtiva imediata e, em consequência, até que ponto as próprias condições do processo vital da sociedade ficaram sob o controle do *intelecto geral* e foram reorganizadas em conformidade com ele. Até que ponto as forças produtivas da sociedade são produzidas, não só na forma do saber, mas como órgãos imediatos da práxis social; do processo real da vida.[11]

Com o advento das redes telemáticas, Bifo[12] anuncia a formação de um segmento na classe trabalhadora que ele nomeia como "cognitariado", que é a subjetividade social do intelecto geral. A classe virtual vê as promessas liberais afundarem em monopólio e a utopia de uma tecnodemocracia, no autoritarismo estatal-militar neoliberal. Em pleno processo de proletarização, os trabalhadores cognitivos se reconheceriam como cognitariado, um proletariado com "meios intelectuais extraordinários" e "depositário do saber em que se funda a sociedade capitalista"[13].

Para ele, as transformações tecnológicas e sociais superariam a separação fordista-taylorista entre *homo faber* e *homo sapiens*, pois o trabalho intelectualizado perpassa todo o processo de produção. Assim, para Bifo, o modelo de intelectual analisado por Lênin e Gramsci não possuiria mais as bases históricas para se reproduzir, assim como o modelo de um partido de quadros que leva a consciência de classe de fora para dentro da classe operária. Segundo seu argumento, por não compreender o novo cenário, a esquerda revolucionária acaba por efetivar a luta com armas obsoletas,

---

[11] Karl Marx, *Grundrisse: manuscritos econômicos de 1857-1858: esboços da crítica da economia política* (trad. Mario Duayer e Nélio Schneider, São Paulo/Rio de Janeiro, Boitempo/Editora UFRJ, 2011), p. 589, grifo nosso.

[12] Franco Bernardi Bifo, "Del intelectual orgánico a la formación del cognitariado", *Archipiélago: Cuardenos de Crítica de la Cultura*, Madri, n. 66, 2005.

[13] Idem.

180 • Colonialismo digital

partindo de uma visão ainda calcada no fordismo e no mundo das fábricas ligadas à segunda fase da Revolução Industrial.

É óbvio que o ponto de partida de Bifo é aquele que temos nos esforçado em refutar ao longo deste trabalho, que é a ideia de que o desenvolvimento tecnológico observado a partir da Indústria 3.0 teria tornado obsoletas a teoria do valor e a velha luta de classes. Também é digno de nota o otimismo do autor em relação a esse subgrupo que ele chama de cognitariado. O que nos interessa aqui, no entanto, é seu apelo à importância da ciência e da tecnologia (C&T) informacionais no âmbito da luta de classes.

Partindo da diferenciação que Bifo[14] faz entre cibertempo e ciberespaço, podemos traduzir o drama vivido atualmente, neste cenário de imersão da vida, do trabalho na mediação eletrônica das redes digitais. Há uma defasagem entre ciberespaço e cibertempo que leva diretamente a sociopatologias como depressão, déficit de atenção e principalmente burnout: a psicoepidemia que assola a sociedade ocidental se origina nesse fenômeno de colonização do tempo humano, objetivado pelo capitalismo desde seus primórdios.

A composição técnica do mundo muda, mas a apropriação cognitiva e a realidade psíquica não a seguem de maneira linear. A mudança do entorno tecnológico é muito mais rápida que a mudança dos hábitos culturais e dos modelos cognitivos. O estrato da infosfera é cada vez mais denso e o estímulo informativo invade cada átomo de atenção humana.[15]

O ciberespaço tem extensão ilimitada; o cibertempo está ligado à intensidade da experiência e a elementos orgânicos, então é limitado. A aceleração e a saturação da atenção levam ao burnout nesse processo de ciborguização do humano, a ligação entre rede digital e mente humana, que agora é explorada em sua dimensão subjetiva, através da mineração de dados, metadados e expertise para *machine learning*. Cérebros são sugados para alimentar algoritmos, bots e IAs.

A experiência do outro se banaliza. O outro se converte em uma estimulação frenética sem interrupções e perde sua singularidade, intensidade e beleza. Menos curiosidade, menos surpresa; estresse, agressividade, ansiedade, medo. A aceleração produz um empobrecimento da experiência, porque estamos expostos a uma massa crescente de estímulos que não podemos elaborar

---

[14] Idem.

[15] Ibidem, p. 66, tradução nossa.

com a forma intensiva de prazer e conhecimento. Mais informação e menos significado. Mais informação e menos prazer.[16]

A pergunta que precisa ser feita a esta altura é: como superar a ideologia californiana e organizar esse cognitariado e o precariado no contexto mais amplo da luta contra a Exploração 4.0 ou 5.0? O que Fanon ensinou sobre descolonização da tecnologia em plena Revolução Argelina? Seria possível aprender com Fanon, guardadas as diferenças de contexto histórico dos anos 1950 para o século XXI?

---

[16] Idem, tradução nossa.

13
POR UMA INTERFACE FANONIANA-HACKTIVISTA

> *"Quão genuína era a promessa de emancipação implícita nos primórdios da cibercultura? Teria sido possível outro rumo, se os cidadãos assumissem o controle? Ainda nos resta a esperança de retomar a soberania popular na tecnologia?"*
>
> Evgeny Morozov, *Big tech*

O suposto dilema das redes não se inicia com a internet, mas se apresenta como contraparte histórica inerente ao desenvolvimento das forças produtivas no capitalismo. Se o saber humano historicamente acumulado é apropriado e convertido, de maneira estranhada, em tecnologias que intensificam a exploração ao invés de aliviar o dispêndio de energia gasto pelo trabalhador, o mais correto não seria a insurgência contra o desenvolvimento tecnológico na direção de um passado pré-capitalista ou pré-colonial? Ou, no outro extremo, se a história não caminha para trás e mesmo as viagens no tempo, descobertas pela física quântica, só nos permitem viajar para o futuro, restaria às lutas pela emancipação humana apenas socializar os meios de produção entre os trabalhadores, sem, contudo, discutir seus desenhos (designs) tecnológicos?

No primeiro caso, seria contraditório utilizar as tecnologias da informação para fazer sua crítica. O mais plausível seria a aposta, tal como um ermitão, em um projeto político (ou individual) isolacionista de suposto retorno a um ponto em que a tecnologia não domine o humano. O problema dessa opção não é nem o caráter individualista que ela sugere, uma vez que o restante do mundo, predatoriamente capitalista, seguirá seu curso em seu sociometabolismo de forças destrutivas. A questão é que, a não ser teoricamente – e ainda assim é controverso –, não é possível voltar no tempo, e as crescentes mudanças sociais introduzidas pela C&T são dados

184 • Colonialismo digital

a se considerar em qualquer projeto de transformação social, ou eles não terão qualquer chance.

No segundo caso, todo avanço tecnológico – no qual se incluem técnicas de *orgware*[1] – deve ser comemorado e reivindicado politicamente, na medida em que, supostamente, amplia ou até revoluciona as forças produtivas. E a tragédia é que o atual modelo de desenvolvimento das forças produtivas foi desenhado em função das necessidades da acumulação capitalista e, em resultado, converte cada vez mais essas forças produtivas em forças destrutivas.

Esse aparente dilema se complexifica quando pensado do ponto de vista dos povos colonizados, quando eles se levantaram em defesa de sua independência. O que fazer com os conhecimentos e as tecnologias impostos com violência pelo colonizador? Se esses conhecimentos chegaram às colônias não apenas para ampliar as capacidades produtivas, mas, sobretudo, para subsidiar a proibição, a inferiorização e a estigmatização dos saberes e das visões de mundo nativas que pudessem representar obstáculos à ordem colonial, não seria mais prudente ao colonizado rejeitar esses saberes e reivindicar os saberes pré-coloniais? Ou, ao contrário, provar ao branco racista que pode ser mais moderno que ele, ostentando seu domínio nas artes que não se esperava que fosse capaz de dominar? Veremos que, para Frantz Fanon, essas duas questões expressam um falso dilema por faltar-lhes, exatamente, a dialética.

O professor Ivo Queiroz foi o primeiro pesquisador brasileiro a defender uma tese sobre Fanon. Em seu trabalho pioneiro, analisou a questão da tecnologia, apresentando o psiquiatra martinicano como um dos fundadores dos estudos CTS (estudos sobre ciência, tecnologia e sociedade) do ponto de vista dos interesses sociais. Segundo ele,

> são notáveis as observações contidas nas análises que o autor desenvolveu sobre o significado de ciência e tecnologia para o povo argelino, que vinculava tais saberes ao desiderato da liberdade, da excelência das condições de vida, na situação da guerra de libertação.[2]

Para Queiroz, Fanon antecipa importantes debates apresentados pela CTS ao recusar, em primeiro lugar, uma visão neutralista da tecnologia.

---

[1] Apropriação do conhecimento do processo produtivo com implicações para a organização e a divisão do trabalho.

[2] Ivo Pereira de Queiroz, *Fanon, o reconhecimento do negro e o novo humanismo: horizontes descoloniais da tecnologia* (tese de doutorado, Curitiba, Universidade Tecnológica Federal do Paraná, 2013), p. 100.

Nos escritos fanonianos, argumenta Queiroz, são fartas as referências ao lugar político das tecnologias nos processos de dominação colonial. Do uso colonial das ciências médicas para a estigmatização da cultura autóctone até o emprego de técnicas agrícolas (*plantation*) voltadas à produção e à exportação de commodities, da participação da psiquiatria no desenvolvimento de técnicas de tortura até a introdução do rádio como forma de desmantelar a cultura mulçumana, Fanon problematizou com bastante cuidado a função colonial da tecnologia no contexto da dominação europeia, recusando qualquer pretensão a uma ciência ou tecnologia neutras.

No entanto, observa Queiroz, a proposta de libertação empreendida por Fanon não perdia de vista o caráter humano-genérico de tudo aquilo que é produzido pelo trabalho humano, no qual se inclui a tecnologia. Isso significa que a luta pela emancipação, em Fanon, não é do colonizado em um casulo identitário nem muito menos seu retorno a um glorioso passado mítico, mas, sim, a morte do colonizador e do colonizado enquanto tais, o que implica o reconhecimento de si, enquanto partícipe da generalidade humana. Nesse esforço, não se trata de refutar ou adorar a tecnologia, mas de colocar "a ciência e a tecnologia a serviço da emancipação"[3].

Essa luta, no entanto, exige romper com aquilo que Henrique Novaes[4] denominou posteriormente "fetiche da tecnologia", na direção de uma proposta revolucionária que transcenda a mera reorganização da divisão do trabalho após a independência e caminhe na direção do enfrentamento e da superação dos entraves técnicos à descolonização. Isso significa, pelo menos para Fanon, superar as tendências colonialistas de desenvolvimento das forças produtivas como premissa para a emancipação anticolonial. Como fica nítido no trecho a seguir:

> O regime colonial cristaliza os circuitos, e a nação é obrigada, sob pena de sofrer uma catástrofe, a mantê-los. Talvez conviesse recomeçar tudo, alterar a natureza das exportações e não apenas o seu destino, reinterrogar o solo, o subsolo, os rios e – por que não? – o sol. Ora, para tanto precisa-se de alguma coisa mais que o investimento humano. Precisa-se de capitais, técnicos, engenheiros, de mecânicos etc... Digamo-lo: acreditamos que o

---

[3] Ibidem, p. 124.

[4] Henrique T. Novaes, *O fetiche da tecnologia: a experiência das fábricas recuperadas* (São Paulo, Expressão Popular, 2007).

186 • Colonialismo digital

esforço colossal para que os dirigentes convidem os povos subdesenvolvidos não produzirá os resultados esperados. Se não se modificarem as condições de trabalho, serão necessários séculos para humanizar este mundo tornado animal pelas forças imperialistas.[5]

É nesse sentido que Fanon propõe a apropriação anticolonial de algumas tecnologias sociais introduzidas pelos franceses na Argélia, como a medicina, o jornal impresso e o rádio. O psiquiatra martinicano analisou, de modo visionário, o uso da tecnologia de comunicação pelos colonialistas franceses e como os revolucionários argelinos na luta anticolonial antropofagizaram dialeticamente esses aparatos e redes eletrônicas de comunicação – sobretudo o rádio –, tomando-os como seus. Interessante observar que o próprio processo revolucionário colocou esta demanda: "Desde os primeiros meses da revolução, o argelino, como uma medida de autodefesa e a fim de escapar ao que considera as manobras mentirosas do ocupante, se vê obrigado a servir-se de suas próprias fontes de informação"[6].

Vemos também no capítulo "Aqui a voz da Argélia", da obra *Sociologie d'une révolution* (ou *L'An V de la révolution algérienne*)[7], que, em contra-ataque ao uso "caliban"[8] do rádio, os colonizadores proibiram a venda de rádios e pilhas, já que essa tecnologia de comunicação se tornou, de um aparato de reprodução do colonialismo, uma arma midiática nas mãos do colonizado em luta. "Desde 1956, a aquisição de um radiorreceptor na Argélia não significa a adesão a uma técnica moderna de informação, mas o único meio de entrar em contato com a revolução e viver com ela"[9]. Os franceses, além dessas proibições, começaram uma guerra eletrônica, que Fanon chamou de "batalha das ondas", para interferir nas transmissões da Voz da Argélia Combatente. Nesse sentido,

---

[5]   Frantz Fanon, *Os condenados da terra* (trad. Enilce Rocha e Lucy Magalhães, Juiz de Fora, Editora UFJF, 2005), p. 120.

[6]   Idem, *Sociologia de una revolución* (trad. Victor Flores Olea, 3. ed., México, ERA, 1976), p. 56.

[7]   Idem, *Sociologie d'une révolution* (Paris, Maspero, 1968).

[8]   Caliban é um personagem da peça *A tempestade*, de William Shakespeare, que, uma vez escravizado e obrigado a falar a língua do colonizador europeu, o amaldiçoa em sua própria língua. Para um estudo sobre Fanon como um pensador caliban, ver Deivison Faustino, "A 'interdição do reconhecimento' em Frantz Fanon: a negação colonial, a dialética hegeliana e a apropriação calibanizada dos cânones ocidentais", *Revista de Filosofia Aurora*, v. 33, n. 59, ago. 2021; disponível on-line.

[9]   Frantz Fanon, *Sociologia de una revolución*, cit., p. 63, tradução nossa.

O instrumento técnico, o radiorreceptor, perde quase magicamente – embora tenhamos visto a progressão harmônica e dialética das novas necessidades nacionais – seu caráter de objeto do inimigo. O radiorreceptor deixa de ser parte do arsenal de opressão cultural do ocupante. Ao converter a rádio em um meio singular de resistência frente às pressões psicológicas e militares cada vez maiores do ocupante, a sociedade argelina, por um movimento autônomo interno, decidiu apropriar-se da nova técnica e incorporar a si nos novos sistemas de comunicação atualizados pela revolução.[10]

Fanon, portanto, foi um dos primeiros pensadores a analisar a dialética da dominação e da libertação através da descolonização da tecnologia de comunicação. Antes dele, obviamente, Bertolt Brecht[11] buscou construir uma teoria do rádio em prol do uso emancipador dessa mídia. Ele viu a história do rádio como a história da monopolização da emissão e transmissão pelo capitalismo. Naquela época, Brecht pensava em uma rede de radiodifusão com aparelhos emissores e receptores. Hoje as rádios comunitárias e piratas ainda resistem e mantêm o elemento libertário da radiodifusão em termos de mídia.

Fanon descreve diversas tecnologias colonialistas para tentar neutralizar as ondas da rádio argelina: os franceses usavam técnicas de *jamming*, uma guerra de ondas para empastelar eletronicamente a transmissão, obrigando os emissores a serem redirecionados a outra frequência. A Revolução Argelina foi um grande laboratório de práticas de descolonização da linguagem, da tecnologia e da técnica. Experiências com mídia revolucionária[12], zines produzidos por guerrilheiros, jornais produzidos por um sujeito coletivo anônimo, no qual Fanon estava inserido. Em *Sociologie de une révolution*, Fanon argumenta que a dialética da descolonização ocorre até mesmo no uso da língua do colonizador. Em *Pele negra, máscaras brancas*, já havia alertado que adotar a língua do colonizador significava também adotar o mundo cultural da metrópole. Mas com o fortalecimento do uso da radiodifusão pela Frente de Libertação Nacional (FLN), A Voz da Argélia Combatente era transmitida em árabe, em francês e em kabylie.

---

[10] Ibidem, p. 63-4, tradução nossa.

[11] Ver Celso Frederico, "Brecht e a 'teoria do rádio'", *Estudos Avançados*, v. 21, n. 60, 2007; disponível on-line.

[12] Sobre circulação de ideias, mídia, jornais e zines na Revolução Argelina, ver Walter Lippold, *Fanon e a Revolução Argelina* (Brasil, Proprietas, 2023).

188 • Colonialismo digital

São raras as oportunidades de estudar os escritos de um intelectual militante, com um método revolucionário, transdisciplinar e totalmente conectado com a práxis, inserido dentro de uma guerra revolucionária, interagindo o cientista social e o militante em um diálogo aberto no interior de seu processo investigativo e criativo.[13]

O que buscamos destacar é que, para ele, o horizonte anticolonial não estava nem na recusa, nem na recepção passiva das tecnologias coloniais, e sim em sua *calibanização anticolonial*[14] em direção a uma emancipação humana desrracializante, permitindo ao colonizado se reconhecer como parte da totalidade humano-genérica. Reconhecimento esse alcançado apenas com a morte objetiva – e subjetiva – do colonialismo. Da mesma forma, podemos pensar nas alternativas políticas que emergem quando se desmistifica o suposto dilema das redes.

A tarefa colocada não é a de demonizar ou endeusar as redes e plataformas, mas explicitar seu caráter social e historicamente determinado. Isso implica dizer que o problema não é o aprendizado de máquinas ou a chamada inteligência artificial, em si, mas os sentidos pelos quais são projetados e, sobretudo, os usos que lhes atribuímos. Propomos a urgência de um diálogo entre o pensamento revolucionário de Fanon e o hacktivismo anticapitalista, pois, como afirma Foletto:

O *net-criciticism* ainda está presente hoje, por exemplo, na postura de Julian Assange, criador do WikiLeaks, dos criptopunks, de certa linha da cultura hacker europeia e latino-americana, que vê a ética hacker como atitude desviante de revolta e inovação criativa em face dos sistemas de controle aos quais se opõe; na filosofia original do software livre e na defesa dos direitos humanos na internet – os chamados direitos digitais.[15]

Descolonizar a tecnologia e confrontar a *mission civilisatrice* em novos moldes *high-tech* é, antes de qualquer coisa, colocar em xeque o caráter destrutivo do modo de produção capitalista em todas as suas dimensões

---

[13] Walter Lippold, "A África de Fanon: atualidade de um pensamento libertário", em José Rivair Macedo (org.), *O pensamento africano no século XXI* (São Paulo, Outras Expressões, 2016), p. 138.

[14] Sobre a calibanização empreendida por Fanon, ver Deivison Faustino, "A 'interdição do reconhecimento' em Frantz Fanon", cit.

[15] Leonardo Foletto, "Introdução", em Richard Barbrook e Andy Cameron, *A ideologia californiana: uma crítica ao livre mercado nascido no vale do Silício* (trad. Marcelo Träsel, União da Vitória/Porto Alegre, Monstro dos Mares/BaixaCultura, 2018), p. 10.

Por uma interface fanoniana-hacktivista • 189

sutis e declaradas. Essa crítica radical, no entanto, não nos isenta de nos posicionarmos diante de um campo que ainda está em construção e, portanto, permeável a uma série de disputas. Impõe-se como tarefa lutar – utilizando todos os meios necessários – pela democratização do acesso ao conhecimento, na direção da produção de uma ciência popular, assim como faz o site Sci-Hub, criado por Alexandra Elbakyan, ou como fez Aaron Swartz ao expropriar o monopólio do JSTOR, site que cobra quarenta dólares pelo download de um arquivo em formato PDF.

É fundamental que intelectuais, trabalhadores, políticos, artistas e pesquisadores de esquerda, feministas e antirracistas, se engajem nos esforços de descolonização dos meios de comunicação e criação de conteúdos libertários, mas sobretudo na discussão sobre o papel das big techs nas formas contemporâneas de exploração e dominação. Como podemos articular as lutas do cognitariado, do precariado e dos *clickworkers* com as experiências e tradições sindicais, indígenas e quilombolas? Como podemos criar conexões, ou fortalecer aquelas já existentes, entre as iniciativas incríveis de comunicação e subversão tecnológicas (como as da revista *Pillku*[16], da Rede Mocambos, da Casa de Cultura Tainã) e as lutas dos movimentos de moradia, do rap ou do funk?

Quando a esquerda hegemônica, o movimento negro e o conjunto de movimentos sociais farão um debate sério sobre segurança da informação e os possíveis usos contra-hegemônicos do aprendizado de máquina? Quando se apropriarão dos debates em torno do marco civil da internet e da Lei Geral de Proteção de Dados Pessoais (LGPD – Lei n. 13.709/2018)? Nessa luta, qual é o potencial dos espaços contra-hegemônicos, como os hackerspaces?

Os hackerspaces, que funcionam como clubes ou laboratórios de hackers, realizam um trabalho importante de letramento científico e tecnológico, divulgação científica e apropriação criativa popular da tecnologia, principalmente a tecnologia digital. Estamos em um momento chave da história humana, em que a crítica e a ação descolonizadora devem criar uma interface com o hacktivismo. Assim, devemos pesquisar e ensinar uma história da tecnologia que rompa com o eurocentrismo reinante: partindo dos conceitos de tecnodiversidade e cosmotécnica de Yuk Hui[17], é possível fundamentar a crítica ao pseudouniversalismo eurocêntrico.

---

[16] Revista que congrega textos sobre cultura p2p, hacktivismo e ciberfeminismo. Ver <https://pillku.org/>.

[17] Yuk Hui, *Tecnodiversidade* (São Paulo, Ubu, 2020).

190 • Colonialismo digital

Aqui trazemos a importância de fortalecer os *perilabs*, ou seja, espaços periféricos de descolonização da tecnologia, em que há cursos de formação, criações de rede interna com pirateBOX, bibliotecas, chats da comunidade, intranet, oficina experimental, montagem de dispositivos, gambiarra[18], gambiologia e engenharia reversa. São espaços autônomos temporários[19] que podem adentrar a escola, criando lócus de educação não formal dentro dos muros da educação formal. Talvez, se Lênin estivesse vivo e fosse reeditar sua obra *O que fazer?*, incluiria o hacktivismo em suas táticas de propaganda revolucionária. Não está, mas nós estamos e, se não nos atentarmos para as novas formas de operacionalizar a velha política, seremos atropelados pela "locomotiva da história".

A pensadora brasileira Karina Menezes foi nossa base para compreender o fenômeno dos clubes hacker e da pedagogia hacker em suas dimensões técnicas, afetivas, ideárias e políticas. A própria história dos hackerspaces no Brasil está ligada à descolonização da tecnologia:

> O Bailux pode ser considerado o primeiro hackerspace brasileiro, tendo sua origem por iniciativa de Regis, que se sentiu provocado ao ler um artigo de Hermano Vianna versando sobre microrrevoluções nas periferias, software livre, cultura hacker e metarreciclagem. Regis inspirou-se em experiências de "puxadinhos" e casas de cultura e contou com o apoio de pessoas ligadas ao movimento MetaReciclagem, a exemplo de Felipe Fonseca e Dalton Martins. O laboratório Bailux – cujo nome é uma junção de Bahia e Linux – contou com a presença de Jurgen Boltz, um hacker do vale do Silício, e o engajamento de três jovens da comunidade local, Paulo Marquês, Léo Lucas e Rafael Nascimento. Ao se estabelecer uma parceria com uma comunidade das comunidades Pataxó da região, foi originada a Varanda Cultural, um espaço tecnológico experimental integrado à cultura Pataxó.[20]

É por isso que se impõe como tarefa política de primeira ordem conhecer e experimentar alternativas tecnológicas que utilizam distros do sistema

---

[18] Sobre gambiarra, ver Ricardo T. Neder, *A gambiarra e o panóptico: ensaios CTS sobre a moralidade da tecnologia* (Marília, Lutas Anticapital, 2019). Sobre a gambiarra como processo, ver Maria Fernanda de Mello Lopes, *Gambiarra como processo: uma antropofagia latino-americana* (dissertação de mestrado, São Paulo, PUC-SP, 2019); disponível on-line. Sobre o Favela hacklab, ver *Favela Hacklab: manual do participante* (Belo Horizonte, Favela Hacklab, 2020); disponível on-line.

[19] Como as zonas autônomas temporárias (TAZ) de Hakim Bey.

[20] Karina Moreira Menezes, *Pirâmide da pedagogia hacker = [vivências do (in)possível]* (tese de doutorado, Salvador, UFBA, 2018), p. 74.

Por uma interface fanoniana-hacktivista • 191

operacional GNU/Linux[21], composto de software livre (como Linux-Libre, Trisquel, gNewSense, Parabola), ou mesmo os *open source*, com o código aberto e a possibilidade de conhecer o código e modificá-lo. Neste momento, redigimos este trecho do texto no LibreOffice através do sistema operacional Linux Ubuntu[22], que, apesar de permitir DRMs[23], já é uma alternativa ao monopólio Microsoft. Sabemos que o nome Ubuntu é de origem bantu, e significa que uma pessoa só pode ser através das outras pessoas, em união com elas. Ser humano é se realizar como coletivo, como união. Por outro lado, o Android do Google é um sistema Linux, ou seja, há toda essa problemática de apropriação do que é – ou era – libertário pela ideologia californiana e pelo *modus operandi* das big techs do vale do Silício.

Como afirma Menezes, "o modelo de negócios pautado no software proprietário se tornou símbolo de uma cultura monopolista limitadora da liberdade de conhecimento e isso tem implicações econômicas, éticas e políticas"[24]. E continua, ao chamar atenção para a essência dos softwares:

> Portanto, muito além de permitir a interação humano-máquina, os softwares são também meios de produção. E quando empresas, escolas ou governos optam por adotar softwares proprietários em processos formativos, estão

---

[21] "Um software é considerado livre quando atende a quatro liberdade essenciais:

Liberdade nº 0: A liberdade de executar o programa, para qualquer propósito.

Liberdade nº 1: A liberdade de estudar como o programa funciona, e adaptá-lo para as suas necessidades.

Liberdade nº 2: A liberdade de redistribuir cópias de modo que você possa ajudar seu próximo.

Liberdade nº 3: A liberdade de aperfeiçoar o programa, e liberar os seus aperfeiçoamentos, de modo que toda a comunidade se beneficie." Free Software Foundation, citado em Karina Moreira Menezes, *Pirâmide da pedagogia hacker*, cit., p. 31-2.

[22] O Ubuntu não é totalmente livre, são permitidos blobs de DRM. Nesse sentido, usar o Ubuntu é uma alternativa de redução de danos digitais. O sistema operacional livre que utilizamos e experimentamos foi o GNU Linux Trisquel.

[23] DRM é a sigla para *digital rights management*, ou gerenciamento de direitos digitais, em português. "É um conjunto de tecnologias utilizadas pelos fabricantes de hardwares e softwares e por editores de conteúdo com o objetivo de controlar a utilização dos produtos digitais e dispositivos após sua venda, buscando identificar ou impedir a realização de cópias não autorizadas." Sérgio Amadeu da Silveira, "WikiLeaks e as tecnologias de controle", em Julian Assange, *WikiLeaks: quando o Google encontrou o WikiLeaks* (trad. Cristina Yamagami, São Paulo, Boitempo, 2015), p. 17.

[24] Karina Moreira Menezes, *Pirâmide da pedagogia hacker*, cit., p. 30.

192 • Colonialismo digital

fomentando práticas limitadoras do acesso ao conhecimento para todos. A naturalidade com que os softwares proprietários são tratados na sociedade mascara o processo de cerceamento da liberdade de acesso ao conhecimento, o que vem sendo denunciado e combatido pelos ativistas do software livre.[25]

Isto é um pouco da filosofia adotada pela comunidade que desenvolve o Linux Ubuntu, esse sistema gratuito e de alta qualidade. Mas não basta deixar de usar o Windows para romper com as atuais tendências destrutivas da tecnologia. Se você é um jornalista vigiado, um ativista perseguido ou qualquer lutador social que se encontre em um momento em que a segurança digital seja crucial, você precisa de mais proteção, de proxys, de criptografia etc.

Outro ponto fundamental é a noção de *soberania digital*, proposta pelo Marco Civil da Internet. Para Morozov, o Brasil

também foi um dos primeiros países do mundo a insistir num enquadramento robusto dos direitos digitais, o chamado Marco Civil. [...] A iniciativa do Marco Civil, ainda que inconclusa, é uma manobra importante, sobretudo agora que, cada vez mais, as plataformas digitais buscam nos atrair para seus impérios digitais acenando com serviços gratuitos e convenientes.[26]

Somente um pleno desconhecimento em relação aos riscos enfrentados pela humanidade em geral, e pela sociedade brasileira em particular, explica o silêncio do conjunto das forças progressistas em relação ao Marco Civil da internet. Há uma série de disputas em curso com sérias implicações para as lutas sociais. Tomemos o exemplo das desigualdades raciais e regionais de acesso à internet na pandemia ou mesmo as iniciativas de investigação criminal aleatória por biometria, como é o caso do Smart Sampa, proposto pela Prefeitura de São Paulo. Há ainda a participação irreversível de robôs nas eleições, treinados para influenciar opiniões e tomadas de decisão. O debate é muito mais amplo que a mera identificação do gabinete do ódio como propagador de *fake news*. Trata-se atualmente da farta disponibilidade de empresas com tecnologia capaz de influenciar o resultado de eleições, o curso de determinadas manifestações políticas ou mesmo certos comportamentos, a depender dos objetivos e do poder de compra de quem puder pagar.

---

[25] Ibidem, p. 31.

[26] Evgeny Morozov, *Big Tech: a ascensão dos dados e a morte da política* (São Paulo, Ubu, 2018), p. 9-10.

No entanto, se não quiser seguir eternamente retardatário diante dos acontecimentos históricos, este diálogo crítico hacker-fanoniano deve ter em conta um movimento muito mais profundo que vai além da descolonização da tecnologia: ele deve passar pela transformação radical da sociedade e da sociabilidade atualmente existente, o que implica um olhar atento à relação complexa e mutuamente determinada entre capitalismo, colonialismo, sexismo e racismo.

Enquanto revisávamos este texto e recebíamos críticas de alguns colaboradores, um acontecimento histórico ocorreu: a formação e o reconhecimento do primeiro sindicato de trabalhadores da Amazon. A corporação foi exposta em sua exploração de classe e racial, já que, segundo o fundador da Amazon Labor Union (ALU), Christian Smalls, se negava a promover trabalhadores negros para cargos gerenciais, processo de que ele mesmo foi vítima[27]. Há esperança na luta, que necessita estar atenta para as opressões intrínsecas ao capitalismo. A luta de classes hoje também passa por fenômenos como a rede de *fakes news* e os ataques de plataformas à organização dos trabalhadores precarizados, como as mentiras espalhadas pelo *iFood*, que contratou agências de marketing digital para comandar perfis falsos com o objetivo de destruir o movimento do precariado organizado.

Se, como dizia Marx, o concreto é concreto porque é síntese de múltiplas determinações, a busca constante pela reprodução mental do real deve, ao mesmo tempo, extrair dessa mesma realidade objetiva as possibilidades de insurgência, rebelião, superação e emancipação. Se é verdade que o capitalismo se estendeu a novos campos da vida, também é verdade que as lutas emancipatórias ganharam novas possibilidades abertas por essa mesma extensão. A reintrodução indireta e compulsória (não paga) no processo produtivo desse trabalhador que foi expulso da fábrica ou desse usuário comum que está navegando em seu momento de ócio faz com que as cidades, os parques e as camas componham parte da esteira produtiva estendida de produção e extração de valor.

Se este diagnóstico estiver correto, a humanidade está exposta como nunca antes, mas o capital também. Se na época fordista apenas uma greve ou uma crise que interrompesse a produção industrial-fabril poderia colocar o

---

[27] Alex N. Press, "Começa um novo capítulo para os trabalhadores do Amazon", *Jacobin Brasil*, trad. Cauê Seignemartin Ameni, 4 abr. 2022; disponível on-line.

194 • Colonialismo digital

capital em risco, hoje, num momento em que as cidades estão fabricalizadas, um tangível ônibus incendiado em protesto pela morte de um jovem negro, em uma avenida de algum centro urbano no Brasil ou nos Estados Unidos, pode exercer efeitos diretos e indiretos sobre toda uma cadeia produtiva.

Se os funcionários de uma empresa multinacional "de varejo" – uma das mais ricas do planeta – conseguem organizar-se em sindicato em pleno século XXI, no mesmo período em que os Entregadores Antifascistas organizam paralizações articuladas por todo o Brasil, isso significa que estamos diante não apenas de novas formas de dominação, mas também de novas formas de luta que precisam ser entendidas e apoiadas na direção de projetos mais amplos.

No fim do capítulo 25 do Livro I de *O capital*, Marx ironiza a economia política burguesa por descobrir nas colônias o segredo da economia capitalista nas metrópoles, que é a já mencionada expropriação que "liberta" (retira violentamente) os trabalhadores de suas condições próprias de sobrevivência, fazendo com que a venda da força de trabalho seja a única possibilidade. Marx explica que a expropriação não cria apenas trabalhadores livres, mas sobretudo uma massa de despossuídos miseráveis que ele nomeia como a "massa do povo". Essa massa miserável, na Inglaterra dos séculos XVIII-XIX, era a condição para o trabalho assalariado capitalista, porque a ampla oferta de gente regulava o valor da força de trabalho, baixando o salário, o chamado exército industrial de reserva. Há, para Marx, uma superpopulação relativa neste exército de reserva que nunca será absorvida, mas que cumpre um papel importante nesse momento de consolidação da indústria.

Conforme argumentamos, as tecnologias informacionais têm expulsado – a uma velocidade exponencial – cada vez mais trabalho vivo do interior das fábricas, e há, no atual estágio de acumulação capitalista, uma tendente conversão das forças produtivas em forças destrutivas. É sabido que, em momentos de crise, a queima de trabalho morto através de guerras é uma forma de dinamizar a economia. Talvez a atualidade do presente momento seja que a queima de trabalho vivo também passa a ser lucrativa, ainda que pareça antieconômica. Ela pode ser lucrativa desde que devidamente controlada em territórios malditos, delimitados por grandes interesses imperialistas de acumulação. Como já dissemos, o racismo segue tendo uma função econômica bastante atual aqui: distinguir aqueles que podem ser queimados, sem comoção e implicações éticas, daqueles cuja dor será tomada como parâmetro universal.

Ironicamente, é o próprio capital que reintroduz o racismo e a racialização no interior das expressões contemporâneas da luta de classes. Tomar partido da contradição capital-trabalho implica, portanto, considerar o conjunto de contradições vividas pela massa do povo dentro e fora da fábrica (e aqui não se podem negligenciar as contradições de gênero, orientação sexual e ambientais). Independentemente da iniciativa teórica ou política, a análise detida do colonialismo digital se coloca como tarefa imperiosa.

REFERÊNCIAS BIBLIOGRÁFICAS

AFP. Amazon dobra seu lucro para US$ 14,3 bi no quarto trimestre de 2021. *IstoÉ Dinheiro*, 3 fev. 2022. Disponível em: <https://www.istoedinheiro.com.br/amazon-dobra-seu-lucro-para-us-143-bi-no-quarto-trimestre-de-2021/>; acesso em: 21 mar. 2022.

AMAZON. *Amazon Annual Report*. 2019. Disponível em: <https://s2.q4cdn.com/299287126/files/doc_financials/2020/ar/2019-Annual-Report.pdf>; acesso em: 22 fev. 2022.

AMORIM, Henrique. As teorias do trabalho imaterial: uma reflexão crítica a partir de Marx. *Caderno CRH*, v. 27, n. 70, abr. 2014. Disponível em: <https://www.scielo.br/j/ccrh/a/TM3Ws8vsK8h8TgjrSdDgpsB/?lang=pt>; acesso em: 27 fev. 2023.

ARISTÓTELES. *Metafísica*, v. I e II. Trad. Marcelo Perine, São Paulo, Loyola, 2001.

ASSANGE, Julian et al. *Cypherpunks*: liberdade e o futuro da internet. Trad. Cristina Yamagami, São Paulo, Boitempo, 2013.

ASSANGE, Julian. *WikiLeaks*: quando o Google encontrou o WikiLeaks. Trad. Cristina Yamagami, São Paulo, Boitempo, 2015.

BANERJEE, Subhabrata Bobby. Necrocapitalism. *Organization Studies*, v. 29, n. 12, 2008.

BARBROOK, Richard. The Hi-Tech Gift Economy. *First Monday*, dez. 2005. Disponível em: <http://www.firstmonday.org/issues/issue3_12/barbrook/index.html>; acesso em: 21 jan. 2021.

_____; CAMERON, Andy. *A ideologia californiana*: uma crítica ao livre mercado nascido no vale do Silício. Trad. Marcelo Träsel, União da Vitória, Monstro dos Mares/Porto Alegre, BaixaCultura, 2018. Disponível em: <https://baixacultura.org/loja/a-ideologia-californiana/>; acesso em: 11 nov. 2021.

BENITO, Emilio. Não criamos medicamentos para os indianos, mas para os que podem pagar. *El País*, Madri, 23 jan. 2014. Disponível em: <http://brasil.elpais.com/brasil/2014/01/23/sociedad/1390497913_508926.html>; acesso em: 27 de jul. 2014.

BERREDO, Lucas. Brasileiro quis comprar software espião da empresa emiradense Dark-Matter, diz site. *Olhar Digital*, 17 jan. 2022. Disponível em: <https://olhardigital.com.br/2022/01/17/seguranca/brasileiro-quis-comprar-software-espiao-da-empresa-emiradense-darkmatter-diz-site/>; acesso em: 21 mar. 2022.

BIFO, Franco Berardi. Del intelectual orgánico a la formación del cognitariado. *Archipiélago: Cuadernos de Crítica de la Cultura*, Madri, n. 66, 2005, p. 57-67.

198 • Colonialismo digital

BILHEIRO, Ivan. A legitimação teológica do sistema de escravidão negra no Brasil: congruência com o estado para uma ideologia escravocrata. *CES Revista*, v. 22, n. 1, abr. 2016, p. 91-101. Disponível em: <https://seer.cesjf.br/index.php/cesRevista/article/view/713>; acesso em: 13 jan. 2021.

BIRHANE, Abeba. Colonização algorítmica da África. In: SILVA, Tarcízio (org.). *Comunidades, algoritmos e ativismos digitais*: olhares afrodiaspóricos. São Paulo, LiteraRUA, 2020.

BLACK, Edwin. *IBM and the Holocaust*: The Strategic Alliance between Nazi Germany and America's Most Powerful Corporation. Washington, Dialog, 2012.

BORON, Atilio. *Imperio y imperialismo*: una lectura crítica de Michael Hardt y Antonio Negri. Buenos Aires, Clacso, 2002.

BRESSAN, Renato Teixeira. Dilemas da rede: Web 2.0, conceitos, tecnologias e modificações. *Anagrama*, v. 1, n. 2, dez. 2007-fev. 2008. Disponível em: <http://www.revistas.usp.br/anagrama/article/view/35306/38026>; acesso em: 10 jan. 2021.

BUOLAMWINI, Joy; GEBRU, Timnit. Gender Shades: Intersectional Accuracy Disparities in Commercial Gender Classification. *Proceedings of Machine Learning Research*, v. 81, 2018, p. 1-15.

CASTELLS, Manuel. *Redes de indignação e esperança*: movimentos sociais na era da Internet. Trad. Carlos Alberto Medeiros, Rio de Janeiro, Zahar, 2013.

CAZELOTO, Edilson. Apontamentos sobre a noção de "democratização da internet". In: TRIVINHO, Eugênio; CAZELOTO, Edilson (orgs.). *A cibercultura e seu espelho*: campo de conhecimento emergente e nova vivência humana na era da imersão interativa. São Paulo, ABCiber/Instituto Itaú Cultural, 2009.

CESARINO, Letícia. *O mundo do avesso*: verdade e política na era digital. São Paulo, Ubu, 2022.

CHAMAYOU, Grégoire. *Teoria do drone*. Trad. Célia Euvaldo, São Paulo, Cosac Naify, 2015.

CHARLEAUX, João Paulo. O que é sharp power. E como ele pode minar governos. *Nexo*, 6 fev. 2018. Disponível em: <https://www.nexojornal.com.br/expresso/2018/02/06/O-que-é-sharp-power.-E-como-ele-pode-minar-governos>; acesso em: 3 jan. 2022.

CHASIN, José. *Ensaios Ad Hominem, Tomo III: Política*. São Paulo, Ensaio, 1999.

_____. Marx: a determinação ontonegativa da politicidade. *Verinotio*, n. 15, ano 8, ago. 2012, p. 43-59.

COMITÊ de Solidariedade com a África. O coltan e a guerra do Congo. *Agenda Latino-Americana 2003*. Disponível em: <http://latinoamericana.org/2003/textos/portugues/Coltan.htm>; acesso em: 21 mar. 2022.

COMO o valor do bitcoin é calculado? *Foxbit*, 5 mar. 2019. Disponível em: <https://foxbit.com.br/blog/como-o-valor-do-bitcoin-e-calculado/>; acesso em: 21 mar. 2022.

CORRÊA, Bianca Kremer Nogueira. *Direito e tecnologia em perspectiva amefricana*: autonomia, algoritmos e vieses raciais. Doutorado em direito, Rio de Janeiro, PUC-Rio, 2021.

COULDRY, Nick; MEJIAS, Ulises. *The Costs of Connection*: How Data Is Colonizing Human Life and Appropriating It for Capitalism. Stanford, Stanford University Press, 2019.

COULDRY, Nick; HEPP, Andreas. *The Mediated Construction of Reality*: Society, Culture, Mediatization. Cambridge, Polity, 2017.

DAGNINO, Renato. *Tecnologia social*: contribuições conceituais e metodológicas. Campina Grande, EDUEPB, 2014. Disponível em: <https://books.scielo.org/id/7hbdt>; acesso em: 16 fev. 2023.

Referências bibliográficas • 199

DANTAS, Marcos et al. *O valor da informação*: de como o capital se apropria do trabalho social na era do espetáculo e da internet. São Paulo, Boitempo, 2022.

DEVÉS-VALDÉS, Eduardo. *O pensamento africano sul-saariano*: conexões e paralelos com o pensamento latino-americano e o asiático (um esquema). São Paulo, Clacso/EDUCAM, 2008.

DI FELICE, Massimo. Ser redes: o formismo digital dos movimentos net-ativistas. *Matrizes*, v. 7, n. 2, jul.-dez. 2013, p. 49-71.

DOMINGUES, Delmar. O sentido da gamificação. In: SANTAELLA, Lucia; NESTERIUK, Sérgio; FAVA, Fabricio. *Gamificação em debate*. São Paulo, Blucher, 2018.

DONEDA, Danilo Cesar M. et al. Considerações iniciais sobre inteligência artificial, ética e autonomia pessoal. *Pensar – Revista de Ciências Jurídicas*, Fortaleza, v. 23, n. 4, out./dez. 2018, p. 1-17.

DRUCKER, Peter. *The Age of Discontinuity*: Guidelines to our Changing Society. Londres, Routledge, 2017.

DYER-WITHERFORD, Nick. Capitalismo de inteligência artificial: entrevista com Nick Dyer-Witherford. *DigiLabour*, 9 ago. 2019. Disponível em: <https://digilabour.com.br/dyer-witheford-capitalismo-de-inteligencia-artificial/>; acesso em: 10 jan. 2021.

EAGLETON, Terry. De onde vêm os pós-modernistas? In: WOOD, Ellen; FOSTER, John (orgs). *Em defesa da história*: marxismo e pós-modernismo. Rio de Janeiro, Zahar, 1999.

EMPRESA dona do Facebook proíbe mídia estatal russa de monetizar publicações. *G1*, 26 fev. 2022. Disponível em: <https://g1.globo.com/tecnologia/noticia/2022/02/26/empresa-dona-do-facebook-proibe-midia-estatal-russa-de-monetizar-publicacoes.ghtml>; acesso em: 21 mar. 2022.

FAN, Ricardo. Sistema de Guerra Eletrônica Scorpius. *Defesanet*, 17 nov. 2021. Disponível em: <https://www.defesanet.com.br/iai/noticia/42684/Sistema-de-Guerra-Eletronica-Scorpius/>; acesso em: 21 fev. 2022.

FANON, Frantz. *Sociologie d'une révolution*. Paris, Maspero, 1968.

_____. *Sociologia de una revolución*. Trad. Victor Flores Olea, 3. ed., México, ERA, 1976.

_____. *Os condenados da terra*. Trad. Enilce Rocha e Lucy Magalhães, Juiz de Fora, Editora UFJF, 2005.

_____. *Pele negra, máscaras brancas*. Trad. Raquel Camargo e Sebastião Nascimento, São Paulo, Ubu, 2020.

_____. *Por uma revolução africana*: textos políticos. Trad. Carlos Alberto Medeiros, Rio de Janeiro, Zahar, 2021.

FAUSTINO, Deivison. A emoção é negra e a razão é helênica? Considerações fanonianas sobre a (des)universalização do "ser" negro. *Revista Tecnologia e Sociedade*, v. 9, n. 18, 2013, p. 121-36.

_____. Os condenados pela covid-19: uma análise fanoniana das expressões coloniais do genocídio negro no Brasil contemporâneo. *Buala*, 10 jul. 2020. Disponível em: <https://www.buala.org/pt/cidade/os-condenados-pela-covid-19-uma-analise-fanoniana-das-expressoes-coloniais-do-genocidio-negro?fbclid=IwAR2-nRuVhOB6tqxo2qAVxwzm bCtvca2Gj5H4Xk9UZCn9AwRmwJ03nFqEJ2k>; acesso em: 9 jan. 2021.

_____. Frantz Fanon: capitalismo, racismo e a sociogênese do colonialismo. *SER Social*, v. 20, n. 42, 2018, p. 148-63. Disponível em: <https://periodicos.unb.br/index.php/SER_Social/article/view/14288>; acesso em: 11 out. 2021.

Brasil: raça, gênero e classe. São Paulo, Instituto de Saúde, 2018. Disponível em: <https://www.saude.sp.gov.br/resources/instituto-de-saude/homepage/pdfs/temassaudecoletiva25.pdf>; acesso em: 15 mar. 2023.

_____. A "interdição do reconhecimento" em Frantz Fanon: a negação colonial, a dialética hegeliana e a apropriação calibanizada dos cânones ocidentais. *Revista de Filosofia Aurora*, v. 33, n. 59, ago. 2021. Disponível em: <https://periodicos.pucpr.br/aurora/article/view/28065>; acesso em: 21 jan. 2022.

_____. Por uma crítica ao identitarismo (branco). In: GUERRA, Andréa Máris Campos; LIMA, Rodrigo Goes e (orgs.). *A psicanálise em elipse decolonial*. São Paulo, n-1, 2021.

_____. OLIVEIRA, Leila Maria de. Xeno-racismo ou xenofobia racializada? Problematizando a hospitalidade seletiva aos estrangeiros no Brasil. *REMHU: Revista Interdisciplinar da Mobilidade Humana*, Brasília, v. 29, n. 63, set.-dez. 2021, p. 193-210. Disponível em: <https://www.scielo.br/j/remhu/a/WhQNMSS8L6RsKwVWkfR68tg/?lang=pt>; acesso em: 10 fev. 2022.

_____. *Frantz Fanon e as encruzilhadas*: teoria, política e subjetividade. São Paulo, Ubu, 2022.

FERNANDES, Nathaly Cristina. Mulheres negras e o espaço virtual: novas possibilidades de atuações e resistência. *Cadernos de Gênero e Tecnologia*, Curitiba, v. 12, n. 40, 2019.

FERRARI, Terezinha. *Fabricalização da cidade e ideologia da circulação*. São Paulo, Outras Expressões, 2012.

FERREIRA, Suiane Costa. Apartheid digital em tempos de educação remota: atualizações do racismo brasileiro. *Interfaces Científicas*, Aracaju, v. 10, n. 1, 2020, p. 11-24.

FIELDHOUSE, David K. *Economia e imperio*: la expansion de Europa (1830-1914). 3. ed., Madri, Siglo Veintiuno, 1977.

FOLETTO, Leonardo. Ressaca da Internet, espírito do tempo. *Outras Palavras*, 9 jul. 2018. Disponível em: <https://outraspalavras.net/tecnologiaemdisputa/ressaca-da-internet-espirito-do-tempo/>; acesso em: 12 nov. 2021.

_____. Introdução. In: BARBROOK, Richard; CAMERON, Andy. *A ideologia californiana*: uma crítica ao livre mercado nascido no vale do Silício. Trad. Marcelo Träsel, União da Vitória/Porto Alegre, Monstro dos Mares/BaixaCultura, 2018. Disponível em: <https://baixacultura.org/loja/a-ideologia-californiana/>; acesso em: 11 nov. 2021.

_____. *A cultura é livre*: uma história da resistência antipropriedade. São Paulo, Autonomia Literária, 2021.

FONTES, Virgínia. A transformação dos meios de existência em capital: expropriações, mercado e propriedade. In: BOSCHETTI, Ivanete (org.). *Expropriação e direitos no capitalismo*. São Paulo, Cortez, 2018.

_____. Capitalismo, imperialismo, movimentos sociais e luta de classes. *Revista em pauta*, Rio de Janeiro, n. 21, 2008, p. 23-36.

_____. Crise do capital, financeirização e educação. *Germinal: Marxismo e Educação em Debate*, Salvador, v. 11, n. 3, dez. 2019, p. 328-47.

FREDERICO, Celso. Brecht e a "teoria do rádio". *Estudos Avançados*, v. 21, n. 60, 2007. Disponível em: <https://www.revistas.usp.br/eav/article/view/10249/11878>; acesso em: 5 mar. 2008.

GAMBIOLOGIA. *Favela Hacklab*: manual do participante. Belo Horizonte, Favela Hacklab, 2020. Disponível em: <https://www.gambiologia.net/blog/wp-content/uploads/2021/09/fvl_hcklb_cartilha_final_WEB.pdf>; acesso em: 21 mar. 2022.

Referências bibliográficas • 201

GÓES, Weber Lopes; FAUSTINO, Deivison M. Capitalism and Racism in the *Longue Durée*: An Analysis of Their Reflexive Determinations. *Agrarian South: Journal of Political Economy*, v. 11, n. 1, fev. 2022.

GOOGLE suspende monetização da imprensa estatal russa em suas plataformas. *G1*, 27 fev. 2022. Disponível em: <https://g1.globo.com/economia/tecnologia/noticia/2022/02/27/google-suspende-monetizacao-da-imprensa-estatal-russa-em-suas-plataformas.ghtml>; acesso em: 21 mar. 2022.

GORZ, André. *O imaterial*: conhecimento, valor e capital. São Paulo, Annablume, 2005.

HALL, Stuart. The West and the Rest: Discourse and Power. In: _____; GIEBEN, Bram (orgs.). *Formations of Modernity*. Londres, Polity, 1992.

HAN, Byung-Chul. *Sociedade do cansaço*. Trad. Enio Paulo Giachini, Petrópolis, Vozes, 2015.

_____. *Sociedade da transparência*. Trad. Enio Paulo Giachini, Petrópolis, Vozes, 2017.

_____. *Psicopolítica*: o neoliberalismo e as novas técnicas de poder. Trad. Mauricio Liesen, Belo Horizonte, Âyiné, 2018.

HARAWAY, Donna. Manifesto ciborgue: ciência, tecnologia e feminismo-socialista no final do século XX. In: _____; KUNZRU, Hari; TADEU, Tomaz (orgs.). *Antropologia do ciborgue*: as vertigens do pós-humano. 2. ed., Belo Horizonte, Autêntica, 2009.

HARDT, Michael; NEGRI, Antonio. *Império*. Trad. Berilo Vargas, Rio de Janeiro, Record, 2001.

HOBSBAWM, Eric. *Os trabalhadores*: estudos sobre a história do operariado. Rio de Janeiro, Paz & Terra, 1981.

HUMBY, Clive. Data Is the New Oil, 2006. Disponível em: <https://ana.blogs.com/maestros/2006/11/data_is_the_new.html>; acesso em: 21 mar. 2022.

IASI, Mauro. O dilema do dilema das redes: a internet é o ópio do povo. *Blog da Boitempo*, out. 2020. Disponível em: <https://blogdaboitempo.com.br/2020/10/20/o-dilema-do-dilema-das-redes-a-internet-e-o-opio-do-povo/>; acesso em: 13 jan. 2021.

INFLUENCIADORES negros têm menor participação em campanhas. *Propmark*, 2 set. 2020. Disponível em: <https://propmark.com.br/digital/influenciadores-negros-tem-menor-participacao-em-campanhas/>; acesso em: 12 jan. 2021.

ITUASSU, Artur et al. Campanhas online e democracia: as mídias digitais nas eleições de 2016 nos Estados Unidos e 2018 no Brasil. In: PIMENTEL, Pedro Chapaval; TESSEROLI, Ricardo (orgs.). *O Brasil vai às urnas*: as campanhas para presidente na TV e internet. Londrina, Syntagma, 2019.

JAIN, Priyank; GYANCHANDANI, Manasi; KHARE, Nilay. Big Data Privacy: A Technological Perspective and Review. *Jornal of Big Data*, v. 3, n. 25, 2006. Disponível em: <https://journalofbigdata.springeropen.com/articles/10.1186/s40537-016-0059-y>; acesso em: 11 jan. 2021.

KAUFMAN. Dora. Inteligência artificial: questões éticas a serem enfrentadas. *Cibercultura, democracia e liberdade no Brasil*, IX Simpósio Nacional ABCiber, PUC-SP, 2016.

_____. *A inteligência artificial irá suplantar a inteligência humana?* Barueri, Estação das Letras e Cores, 2018.

KERSHNER, Michael. Data Isn't the New Oil – Time Is. *Forbes*, 15 jul. 2021. Disponível em: <https://www.forbes.com/sites/theyec/2021/07/15/data-isnt-the-new-oil-time-is/?sh=5525c3b535bb>; acesso em: 7 fev. 2022.

202 • Colonialismo digital

KIM, Joon Ho. Cibernética, ciborgues e ciberespaço: notas sobre as origens da cibernética e sua reinvenção cultural. *Horizontes Antropológicos*, Porto Alegre, v. 10, n. 21, p. 199-219, jun. 2004. Disponível em: <http://www.scielo.br/pdf/ha/v10n21/20625.pdf>; acesso em: 10 jul. 2015.

KWET, Michael. Digital Colonialism: The Evolution of US Empire. *Transnational Institute (TNI)*, 4 mar. 2021. Disponível em: <https://longreads.tni.org/digital-colonialism-the-evolution-of-us-empire>; acesso em: 5 dez. 2021.

LANDER, Edgardo (org.) *La colonialidad del saber*: eurocentrismo y ciencias sociales. Perspectivas latinoamericanas. Buenos Aires, Clacso, 2000.

LAZZARATO, Maurizio; NEGRI, Toni. Travail immatériel et subjectivité. *Futur Antérieur*, v. 6, 1991.

_____. Le cycle de la production immatériel. *Futur Antérieur*, n. 16, 1993, p. 111-120.

LÊNIN, Vladímir I. *Imperialismo, estágio superior do capitalismo*. São Paulo, Boitempo, 2021.

LÉVY, Pierre. *O que é o virtual?* Trad. Paulo Neves, São Paulo, Editora 34, 1996.

LEWIS, Andrew. Blue Beetle's Profile. *Metafilter*, 2010. Disponível em: <https://www.me tafilter.com/user.mefi/15556>; acesso em: 9 jan. 2021.

LIPPOLD, Walter. A África de Fanon: atualidade de um pensamento libertário. In: MACEDO, José Rivair (org.). *O pensamento africano no século XXI*. São Paulo, Outras Expressões, 2016, p. 199-228.

_____. *Frantz Fanon e a Revolução Argelina*. São Paulo, Raízes da América, 2021.

_____. *Fanon e a Revolução Argelina*. Portugal, Proprietas, 2022.

LOPES, Maria Fernanda de Mello. *Gambiarra como processo*: uma antropofagia latino-americana. Mestrado em comunicação e semiótica, São Paulo, PUC-SP, 2019. Disponível em: <https://www.gambiologia.net/blog/wp-content/uploads/2020/07/DISSERTA%C3%87%C3%83O_MARIA_FERNANDA_DE_MELLO_LOPES_BIBLIOTECA_VERS%C3%83O_ELETR%C3%94NICA.pdf>; acesso em: 5 mar. 2023.

LORDE, Audre. *The Master's Tools Will Never Dismantle the Master's House*. Londres, Penguin, 2018.

LUCE, Mathias S. O subimperialismo, etapa superior do capitalismo dependente. *Crítica Marxista*, n. 36, 2013, p. 129-41. Disponível em: <http://www.ifch.unicamp.br/criticamarxis ta/arquivos_biblioteca/dossie63merged_document_277.pdf>; acesso em: 5 jul. 2015.

LUKÁCS, György. *História e consciência de classe*: estudos sobre a dialética marxista. Trad. Rodnei Nascimento, São Paulo, Martins Fontes, 2003.

_____. *Para uma ontologia do ser social II*. Trad. Nélio Schneider, São Paulo, Boitempo, 2013.

_____. *Prolegômenos para a ontologia do ser social*. Trad. Sérgio Lessa, Maceió, Coletivo Veredas, 2018, coleção Obras de Georg Lukács, v. 13.

_____. *A destruição da razão*. Trad. Bernard Herman Hess, Rainer Patriota e Ronaldo Vielmi Fortes, São Paulo, Instituto Lukács, 2020.

LUXEMBURGO, Rosa; BUKHARINE, Nikolai. *Imperialismo e acumulação de capital*. Lisboa, Edições 70, 1972.

LYON, David. New Technology and the Limits of Luddism. *Science as Culture*, v. 1, n. 7, 1989, p. 122-34.

MAIA, Eduardo Santos. Exame crítico da "necropolítica": uma leitura marxista do conceito e do livro. *45ª Encontro Anual da ANPOCS (GT41 – Teoria sociológica e crítica contemporânea)*, 2021. Disponível em: <https://www.anpocs2021.sinteseeventos.com.br/arquivo/downloadpublic?q=YToyOntzOjY6InBhcmFtcyI7czozNToiYToxOntzOjEwOiJJR F9BUlFVSVZPIjtzOjQ6IjU2MDEiO30iO3M6MToiaCI7czozMjoiNzNmZTcxZTNiO TY0ZGUwZjQ4NzNhOTlhODZmMmNlNmQiO30%3D>; acesso em: 3 jan. 2022.

MARINI, Ruy Mauro. Dialética da dependência. In: TRASPADINI, Roberta.; STEDILE, João Pedro (orgs.). *Ruy Mauro Marini*: vida e obra. São Paulo, Expressão Popular, 2005.

_____. La acumulación capitalista mundial y el subimperialismo. *Cuadernos Políticos*, n. 12, abr.-jun. 1977, p. 20-39. Disponível em: <http://www.marini-escritos.unam.mx>; acesso em: 15 jul. 2013.

MARQUES, Ana. ConecteSUS: ainda há dados faltando e pouca explicação sobre ataques. *Tecnoblog*, 30 dez. 2021. Disponível em: <https://tecnoblog.net/noticias/2021/12/30/conectesus-ainda-ha-dados-faltando-e-pouca-explicacao-sobre-ataques/>; acesso em: 21 mar. 2022.

_____. Apple suspende vendas de produtos na Rússia e limita apps de mídia estatal. *Tecnoblog*, 1º mar. 2022. Disponível em: <https://tecnoblog.net/noticias/2022/03/01/apple-suspende-vendas-de-produtos-na-russia-e-limita-apps-de-midia-estatal/>; acesso em: 21 mar. 2022.

MARTINS, Agenor. *O que é computador?* São Paulo, Brasiliense, 1991.

MARX, Karl. Trabalho assalariado e capital. In: *Obras escolhidas de Marx e Engels*. Lisboa, Avante, 1982.

_____. *Salário, preço e lucro*. São Paulo, Nova Cultural, 1996, t. 1, coleção Os Economistas.

_____. *Grundrisse*: manuscritos econômicos de 1857-1858: esboços da crítica da economia política. Trad. Mario Duayer e Nélio Schneider, São Paulo/ Rio de Janeiro, Boitempo/ Editora UFRJ, 2011.

_____. *O capital. Crítica da economia política*, Livro I: *O processo de produção do capital*. Trad. Rubens Enderle. São Paulo, Boitempo, 2011.

MAURICIO, Patrícia et al. Colonialismo digital à vista na guerra fria comercial entre EUA e China: o caso Huawei. *Intercom – Sociedade Brasileira de Estudos Interdisciplinares da Comunicação*, 42º Congresso Brasileiro de Ciências da Comunicação, Belém, set. 2019. Disponível em: <https://www.portalintercom.org.br/anais/nacional2019/resumos/R14-1742-1.pdf>; acesso em: 25 fev. 2023.

MBEMBE, Achille. *Necropolítica, seguido de Sobre el gobierno privado indirecto*. Madri, Melusina, 2011.

_____. *Necropolítica*: biopoder, soberania, estado de exceção, política da morte. Trad. Renata Santini, São Paulo, n-1, 2018.

_____. *Crítica da razão negra*. Trad. Sebastião Nascimento, São Paulo, n-1, 2018.

_____. O devir negro no mundo. In: _____. *Crítica da razão negra*. Trad. Sebastião Nascimento. São Paulo, n-1, 2018.

MEDEIROS, Cintia Rodrigues de Oliveira; SILVEIRA, Rafael Alcadipani. Organizações que matam: uma reflexão a respeito de crimes corporativos. *Organizações e Sociedade*, v. 24, n. 80, Salvador, jan.-mar. 2017. Disponível em: <http://old.scielo.br/pdf/osoc/v24n80/1413-585X-osoc-24-80-0039.pdf>; acesso em: 2 mar. 2023.

MELO, José Ernesto. Conflitos na África Central: hutus e tutsis, os condenados da raça. In: RIBEIRO, Luiz Dario Teixeira et al. (orgs.). *Contrapontos*: ensaios de história imediata. Porto Alegre, Folha da História/Palmarinca, 1999, p. 79-87.

204 • Colonialismo digital

MENEZES, Karina Moreira. *Pirâmide da pedagogia hacker* = [vivências do (in)possível]. Doutorado em pedagogia, Salvador, UFBA, 2018. Disponível em: <https://repositorio. ufba.br/bitstream/ri/27168/3/Kamenezes_P2H_Entrega_RepositorioUFBA.pdf>; acesso em: 5 jan. 2022.

MÉSZÁROS, István. *Produção destrutiva e Estado capitalista*. Trad. Georg Toscheff, São Paulo, Ensaio, 1989.

_____. *A crise estrutural do capital*. Trad. Francisco Raul Cornejo, São Paulo, Boitempo, 2009.

MORAES, Roberto. *Big Techs*: teia de aranha digital-financeira entra em novo patamar de acumulação e controle sobre o mundo real e o poder. *Blog do Moraes*, 8 nov. 2021. Disponível em: <http://www.robertomoraes.com.br/2021/11/big-techs-teia-de-aranha-digital.html>; acesso em: 17 nov. 2021.

_____. Breve síntese para entender a dominação digital e as batalhas eleitorais cibernéticas. *Blog do Moraes*, 15 fev. 2022. Disponível em: <http://www.robertomoraes.com. br/2022/02/breve-sintese-para-entender-dominacao.html>; acesso em: 24 fev. 2023.

MOROZOV, Evgeny. *Big Tech*: a ascensão dos dados e a morte da política. Trad. Claudio Marcondes, São Paulo, Ubu, 2018.

MOURA, Clóvis. *Sociologia do negro brasileiro*. São Paulo, Perspectiva, 2019.

MUSK ativa sua rede de satélites na Ucrânia e diz que vai ampliá-la para manter acesso a internet no país. *O Globo*, 27 fev. 2022. Disponível em: <https://oglobo.globo.com/ economia/musk-ativa-sua-rede-de-satelites-na-ucrania-diz-que-vai-amplia-la-para-manter-acesso-internet-no-pais-25412874>; acesso em: 21 mar. 2022.

NAKATANI, Paulo; MELLO, Gustavo Moura de Cavalcanti. Criptomoedas: do fetichismo do ouro ao *hayekgold*. *Crítica Marxista*, n. 47, 2018, p. 9-25. Disponível em: <https://www. ifch.unicamp.br/criticamarxista/arquivos_biblioteca/artigo2019_04_21_10_39_57.pdf>; acesso em: 25 fev. 2022.

NEDER, Ricardo T. *A gambiarra e o panóptico*: ensaios CTS sobre a moralidade da tecnologia. Marília, Lutas Anticapital, 2019.

NEGRI, Antonio. O empresário político. In: COCCO, Giuseppe; URANI, André; GALVÃO, Alexandre Patez. *Empresários e empregos nos novos territórios produtivos*: o caso da Terceira Itália. Rio de Janeiro, DP&A, 2002.

N'KRUMAH, Kwame. *Neocolonialismo*: último estágio do imperialismo. Rio de Janeiro, Civilização Brasileira, 1967.

NOBLE, Safiya Umoja. *Algorithms of Oppression*: How Search Engines Reinforce Racism. Nova York, NYU Press, 2018.

NOSSA QUEBRADA. O que é tageamento. *Medium*, 3 dez. 2017. Disponível em: <https:// medium.com/nossa-quebrada/o-que-é-tagueamento-70354c147185>; acesso em: 21 mar. 2022.

NOVAES, Henrique T. *O fetiche da tecnologia*: a experiência das fábricas recuperadas. São Paulo, Expressão Popular, 2007.

_____; DAGNINO, Renato. O fetiche da tecnologia. *Organizações e Democracia*, v. 5, n. 2, 2004. Disponível em: <https://revistas.marilia.unesp.br/index.php/orgdemo/article/ view/411>; acesso em: 11 mar. 2023.

NYBO, Erik Fontenele. As empresas de tecnologia não estão eliminando os intermediários: elas se tornaram o intermediário. *Startupi*, 27 out. 2020. Disponível em: <https:// startupi.com.br/as-empresas-de-tecnologia-nao-estao-eliminando-os-intermediarios-elas-se-tornaram-o-intermediario/>; acesso em: 7 mar. 2023.

Referências bibliográficas • 205

O EFEITO do big data no sucesso da Uber. *Blog da SAP Brasil*, 13 out. 2015. Disponível em: <https://news.sap.com/brazil/2015/10/o-efeito-do-big-data-no-sucesso-da-uber/>; acesso em: 21 mar. 2022.

PADILHA, Felipe; FACIOLLI, Lara. Colonialismo tecnológico ou como podemos resistir ao novo eugenismo digital – entrevista com Sérgio Amadeu da Silveira. *Estudos de sociologia*, Araraquara, v. 25, n. 48, 2020, p. 363-78.

PAULANI, Leda Maria. Acumulação e rentismo: resgatando a teoria da renda de Marx para pensar o capitalismo contemporâneo. *Revista de Economia Política*, v. 36, n. 3, jul.-set. 2016, p. 514-35. Disponível em: <http://old.scielo.br/pdf/rep/v36n3/1809-4538-rep-36-03-00514.pdf>; acesso em: 2 mar. 2023.

PESQUISA do IBGE revela que 4,1 milhões de estudantes da rede pública não têm acesso à internet. *Brasil, País Digital*, 27 abr. 2021. Disponível em: <https://brasilpaisdigital.com.br/pesquisa-do-ibge-revela-que-41-milhoes-de-estudantes-da-rede-publica-nao-tem-acesso-a-internet/>; acesso em: 21 mar. 2021.

PINTO, Renata Ávila. Digital Sovereignty or Digital Colonialism? New Tensions of Privacy, Security and National Policies. *SUR*, n. 27, 2018. Disponível em: <https://sur.conectas.org/en/digital-sovereignty-or-digital-colonialism/>; acesso em: 25 fev. 2023.

POCHMANN, Marcio. Mudança de época. [Entrevista concedida a] Edições Sesc. *Sesc São Paulo*, 28 fev. 2022. Disponível em: <https://portal.sescsp.org.br/online/artigo/15876_MUDANCA+DE+EPOCA>; acesso em: 4 abr. 2022.

_____. *O neocolonialismo à espreita*: mudanças estruturais na sociedade brasileira. São Paulo, Edições Sesc, 2022.

POSTONE, Moishe. *Tempo, trabalho e dominação social*: uma reinterpretação da teoria crítica de Marx. São Paulo, Boitempo, 2014.

PRESS, Alex N. Começa um novo capítulo para os trabalhadores do Amazon. *Jacobin Brasil*. Trad. Cauê Seignemartin Ameni, 4 abr. 2022. Disponível em: <https://jacobin.com.br/2022/04/comeca-um-novo-capitulo-para-os-trabalhadores-do-amazon/>; acesso em: 4 abr. 2022.

QUEIROZ, Ivo Pereira de; QUELUZ, Gilson. Presença africana e teoria crítica da tecnologia: reconhecimento, designer tecnológico e códigos técnicos. *Anais do IV Simpósio Nacional de Tecnologia e Sociedade*, Curitiba, UTFPR, 2011.

_____. *Fanon, o reconhecimento do negro e o novo humanismo*: horizontes descoloniais da tecnologia. Doutorado em tecnologia, Curitiba, Universidade Tecnológica Federal do Paraná, 2013.

REILLY, Ian. F for Fake: Propaganda! Hoaxing! Hacking! Partisanship! and Activism! in the Fake News Ecology. *The Journal of American Culture*, v. 41, n. 2, 14 jan. 2018. Disponível em: <http://journres1.pbworks.com/w/file/fetch/136654881/F_for_Fake_Propaganda_Hoaxing_Hacking_Pa.pdf>; acesso em: 5 abr. 2022.

RIPARDO, Sérgio. Pirâmide cripto: mais de 500 acusam golpe que vira caso de polícia em SP. *Bloomberg Línea*, 21 fev. 2022. Disponível em: <https://www.bloomberglinea.com.br/2022/02/21/piramide-cripto-mais-de-500-acusam-golpe-que-vira-caso-de-policia-em-sp/>; acesso em: 17 mar. 2022.

ROMÁN, José Luis del Val. Indústria 4.0: la transformación digital de la industria. *Coddiinforme*, 2016. Disponível em: <http://coddii.org/wp-content/uploads/2016/10/Informe-CODDII-Industria-4.0.pdf>; acesso em: 10 jan. 2021.

206 • Colonialismo digital

RUAS, Matheus. Neymar vira colecionador de NFTs e compra duas artes por R$ 6,2 milhões. *O Globo*, 22 jan. 2022. Disponível em: <https://oglobo.globo.com/esportes/neymar-vira-colecionador-de-nfts-compra-duas-artes-por-62-milhoes-25363351>; acesso em: 21 mar. 2022.

SADIN, Éric. *La vie algorithmique*: critique de la raison numérique. Paris, L'Échappée, 2015.

SCAHILL, Jeremy. *Blackwater*: a ascensão do exército mercenário mais poderoso do mundo. São Paulo, Companhia das Letras, 2008.

SEYMOUR, Richard. Não, as redes sociais não estão destruindo a civilização. *Jacobin Brasil*, trad. Adamo da Veiga, 28 set. 2020. Disponível em: <https://jacobin.com.br/2020/09/nao-as-redes-sociais-nao-estao-destruindo-a-civilizacao/>; acesso em: 2 jan. 2021.

SHIMABUKURU, Igor. Receitas das big techs disparam em virtude da pandemia do coronavírus. *Olhar digital*, 17 maio 2021. Disponível em: <https://olhardigital.com.br/2021/05/17/pro/receitas-das-big-techs-disparam-em-virtude-da-pandemia/>; acesso em: 21 jan. 2022.

SIMANDAN, Dragos. Roads to Perdition in the Knowledge Economy. *Environment and Planning A*, v. 42, n. 7, 2010, p. 1.519-20.

SILVA, Denise Ferreira. *A dívida impagável*: lendo cenas de valor contra a flecha do tempo. São Paulo, Oficina de Imaginação Política, 2017. Disponível em: <https://casadopovo.org.br/wp-content/uploads/2020/01/a-divida-impagavel.pdf>; acesso em: 23 jan. 2021.

SILVA, Tarcízio. Racismo algorítmico em plataformas digitais: microagressões e discriminação em código. In: _____ (org.). *Comunidades, algoritmos e ativismos digitais*: olhares afrodiaspóricos. São Paulo, LiteraRUA, 2020.

_____. Linha do tempo do racismo algorítmico: casos, dados e reações. *Blog do Tarcízio Silva*, 2022. Disponível em: <https://tarciziosilva.com.br/blog/posts/racismo-algoritmico-linha-do-tempo>; acesso em: 12 jan. 2021.

SILVEIRA, Sérgio Amadeu da. WikiLeaks e as tecnologias de controle. In: ASSANGE, Julian. *WikiLeaks*: quando o Google encontrou o WikiLeaks. Trad. Cristina Yamagami, São Paulo, Boitempo, 2015.

_____. Existe um colonialismo de dados? *Tecnopolítica* (podcast), 31 ago. 2020. Disponível em: <https://tecnopolitica.blog.br/episode/tecnopolitica-59-existe-um-colonialismo-de-dados/>; acesso em: 12 set. 2020.

_____. A hipótese do colonialismo de dados e o neoliberalismo. In: CASSINO, João Francisco; SOUZA, Joyce; SILVEIRA, Sérgio Amadeu da (orgs.). *Colonialismo de dados*: como opera a trincheira algorítmica na guerra neoliberal. São Paulo, Autonomia Literária, 2021, p. 33-51.

SLEE, Tom. *Uberização*: a nova onda do trabalho precarizado. São Paulo, Elefante, 2017.

SOMBINI, Eduardo. Obra de Fanon questiona identitarismo branco, afirma pesquisador. *Folha de S.Paulo*, 5 mar. 2022. Disponível em: <https://www1.folha.uol.com.br/ilustrissima/2022/03/obra-de-fanon-questiona-identitarismo-branco-afirma-pesquisador.shtml>; acesso em: 21 mar. 2022.

SPILLERS, Hortense J. Mama's Baby, Papa's Maybe: An American Grammar Book. *Diacritics*, v. 17, n. 2, 1987.

STEFFAN, Heinz Dietrich. Globalização, educação e democracia na América Latina. In: CHOMSKY, Noam; STEFFAN, Heinz Dietrich. *A sociedade global*: educação, mercado e democracia. Trad. Jorge Esteves da Silva, Blumenau, Editora da FURB, 1999.

Referências bibliográficas • 207

STERLING, Bruce. *The Hacker Crackdown*: Law and Disorder on the Electronic Frontier. Nova York, Bantam, 1992.

SUEHIRO, Silvio. A tendência é o metaverso! Saiba como investir e ganhar muito dinheiro. *FDR*, 24 dez. 2021. Disponível em: <https://fdr.com.br/2021/12/24/a-tendencia-e-o-metaverso-saiba-como-investir-e-ganhar-muito-dinheiro/>; acesso em: 15 mar. 2022.

TAMER, Maurício Antonio. As criptomoedas como mercadoria-equivalente específica: uma breve leitura do fenômeno a partir da obra *O capital*, de Karl Marx. *Revista da PGBC*, Brasília, v. 12, n. 2, dez. 2018, p. 110-21. Disponível em: <https://revistapgbc.bcb.gov.br/index.php/revista/article/download/961/23>; acesso em: 26 fev. 2022.

THE World's Most Valuable Resource Is No Longer Oil, but Data. *The Economist*, 6 maio 2017. Disponível em: <https://www.economist.com/leaders/2017/05/06/the-worlds-most-valuable-resource-is-no-longer-oil-but-data>; acesso em: 21 mar. 2022.

UCRÂNIA sofreu ciberataque horas antes da invasão russa, diz Microsoft. *G1*, 1º mar. 2022. Disponível em: <https://g1.globo.com/tecnologia/noticia/2022/03/01/ucrania-sofreu-ci berataque-horas-antes-da-invasao-russa-diz-microsoft.ghtml>; acesso em: 21 mar. 2022.

VASCONCELOS, Rosália. Big techs em crise: por que demissões devem continuar em 2023. *Tilt UOL*, 14 dez. 2022. Disponível em: <https://www.uol.com.br/tilt/noticias/redacao/2022/12/14/o-que-acontece-quando-big-techs-comecam-a-demitir.htm>; acesso em: 22 dez. 2022.

VINE, David. La estrategia del nenúfar. *Rebelión*, 18 jul. 2012. Disponível em: <https://rebelion.org/la-estrategia-del-nenufar/>; acesso em: 15 jul. 2015.

YANO, Célio. Apostando no conceito de sociedade 5.0, Japão quer assumir liderança da transformação mundial. *Gazeta do Povo*, 16 dez. 2019. Disponível em: <https://www.gazetadopovo.com.br/mundo/sociedade-5-0-japao-quer-assumir-lideranca-da-transfor macao-mundial/>; acesso em: 8 abr. 2022.

YEROS, Paris; JHA, Praveen. Neocolonialismo tardio: capitalismo monopolista em permanente crise. Trad. Kenia Cardoso. *Agrarian South: Journal of Political Economy*, v. 9, n. 1, 2020. Disponível em: <https://www.agrariansouth.org/2020/05/27/neocolonialismo-tardio-capitalismo-monopolista-em-permanente-crise/>; acesso em: 22 fev. 2023.

YUK, Hui. *Tecnodiversidade*. Trad. Humberto do Amaral, São Paulo, Ubu, 2020.

ŽIŽEK, Slavoj. *Primeiro como tragédia, depois como farsa*. Trad. Maria Beatriz de Medina, São Paulo, Boitempo, 2011.

ZUBOFF, Shoshana. Big Other: Surveillance Capitalism and the Prospects of an Information Civilization. *Journal of Information Technology*, v. 30, n. 1, 2015, p. 75-89.

Bandeira da União Africana.

Este livro foi publicado em maio de 2023, sessenta anos após a fundação da Organização da Unidade Africana, desde 2002 conhecida como União Africana. A OUA teve um importante papel na descolonização da África e na luta pela liberdade e pela soberania de seus Estados-membros. Composto em Adobe Garamond Pro, corpo 10,5/13,5, foi reimpresso em papel Pólen Natural 80 g/m² pela gráfica Rettec, para a Boitempo, em abril de 2025, com tiragem de 1.500 exemplares.